"卓越农林人才教学培养计划"项目实践教材

木工模型结构与制作解析——椅类

王天龙　曹友霖　赵旭 著

中国建材工业出版社

圈椅

圈椅爆炸图

缩手圈椅

缩手圈椅爆炸图

有束腰带托泥圈椅

有束腰带托泥圈椅爆炸图

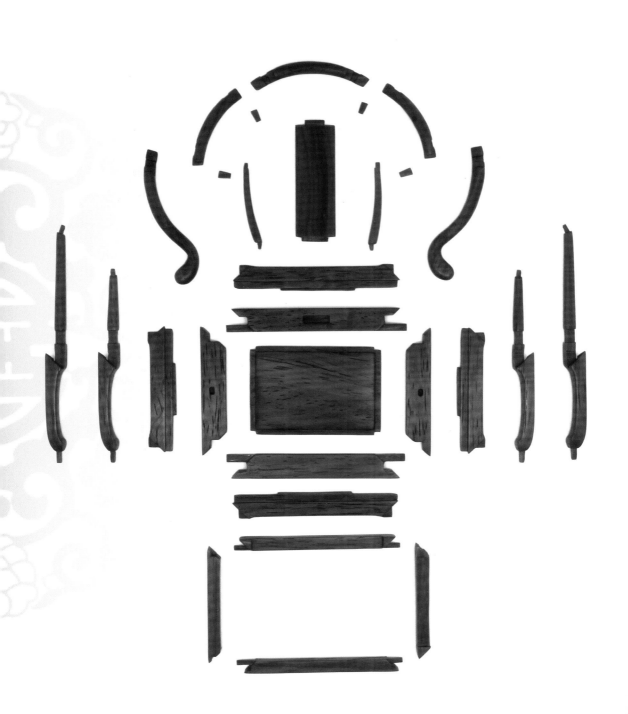

卷书圈椅

卷书圈椅爆炸图

扇形官帽椅

扇形官帽椅爆炸图

四出头官帽椅

四出头官帽椅爆炸图

直搭脑四出头官帽椅

直搭脑四出头官帽椅爆炸图

南官帽椅

南官帽椅爆炸图

矮南官帽椅

矮南官帽椅爆炸图

缩手式南官帽椅

缩手式南官帽椅爆炸图

矮靠背南官帽椅

矮靠背南官帽椅爆炸图

高扶手南官帽椅

高扶手南官帽椅爆炸图

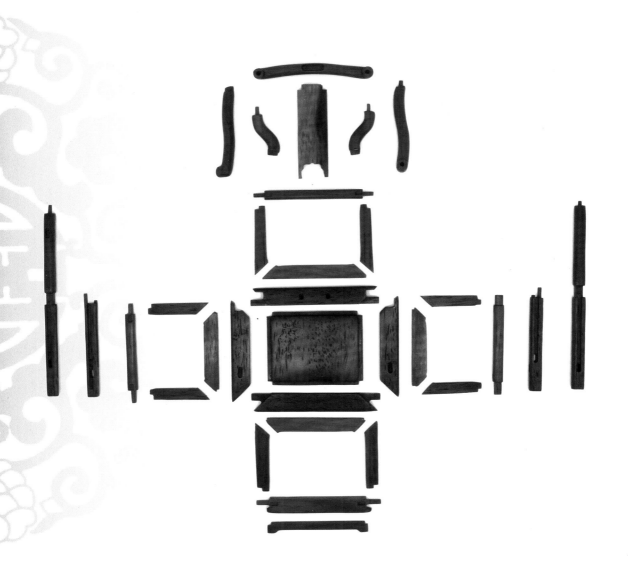

玫瑰椅

玫瑰椅爆炸图

禅椅

禅椅爆炸图

灯挂椅

灯挂椅爆炸图

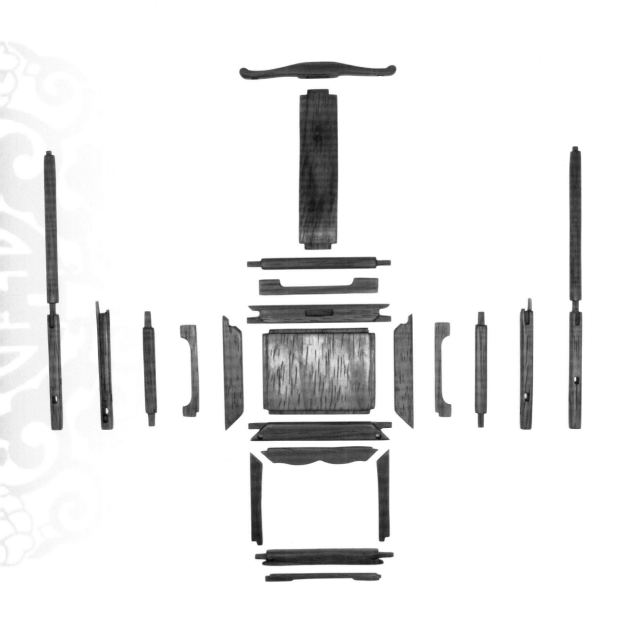

序

    中华民族文化传承千百年，中国传统家具在中华民族历史文化传承的长河中慢慢沉淀、精炼，形成了自己独特的文化标志以及成熟的制造工艺。在工业发展如此迅速的今天，越来越多的传统工艺慢慢失传，大家都在寻求一种可以更快得到结果的方式来进行生产，而放弃了传统工艺方法，失去了匠人精神。然而，中国传统家具以其独特的样式和文化内涵，屹立在传统工艺的大河中，并与时代矛盾发生碰撞，衍生出更多的加工方法，不仅保留了传统工艺的味道，还适应快节奏的生产要求，在家具市场占有重要的一席之地。

    市面上有很多传统家具结构尺寸、零部件生产加工图纸参考的书籍，但是对于普通高等院校中尤其是家具专业实物制造的教学工作并不十分有效，传统家具大多数由红木类如紫檀、花梨木等制造，这些木材价格昂贵，在实际的课堂实践中不可能为每位学生提供这些材料制造家具，然而中国传统家具又是学习家具生产制造的一个重要部分，所以可行性方法就是通过制作比例1：10的家具模型来体会传统木制家具的制作过程和对木材加工的实际感受。但是目前市面上还缺乏这类参考书籍，木质传统家具模型和实际比例1：1制作的尺寸和加工工艺还是有一定的区别，如榫卯配合尺寸要满足最小加工零件的尺寸要求，对制作误差精度也有不同的要求。

    编写本书就是为了满足制造实物传统家具的教学要求，并为广大的木工爱好者掌握中国传统家具（重点为明清家具样式）的制造设计提供参考依据，促使传统工艺文化更广泛的流传及相关知识的普及，这是编者更希望看到的事情。

王元龙

2016 年 10 月

前　言

　　中国传统家具博大精深，在悠久的历史长河进程中沉淀了能工巧匠的创造与智慧，形成了独特的传统艺术，明清家具作为中国古代家具史上最灿烂的成果，更加独树一帜。从造型上，它集美学、人体工程学于一身；从结构上，它集力学、工艺学之大成；从小派系区分还有京作、苏作、广作等风格，样式丰富，其品味可见一斑，长期以来受到世人的推崇并赋予其精髓的文化内涵，体现了中华民族传统艺术及工艺生产的精华，成为全人类的瑰宝。

　　市面上汇总归纳明清传统家具的书籍比较丰富，但很少涉及工艺制作部分，以至于明清家具制造的传统工艺不能得以广泛流传。本书以家具模型尺度的制作工艺为出发点编写了一系列明清家具样式，让不懂木工的读者也可以根据教程自己制作出中国传统家具模型。

　　本书分为两部分，其一是基础知识篇，对传统家具"椅"中所用的榫卯结构进行了分类介绍，更好地帮助读者了解传统家具的结构：如搭脑与腿的结合、座面与腿的结合、大边抹头的结合、牙子牙条的结合等；还帮助读者了解工具的使用方式、注意事项，制作传统家具的工艺流程等。第二部分则是汇集了中国传统家具中"椅"的经典造型，如圈椅、灯挂椅、官帽椅等供大家学习参考，除了对其进行了细致的分类以外，每件家具都配有三视图、下料单并附各零件的三视图及尺寸。本书不仅汇集了工艺图纸，同时还包含实物零件照片以供参考，最大程度地帮助读者理解图纸、绘制图纸，并制造出模型实物。

　　本书各章节主要编写工作由王天龙、曹友霖、赵旭共同完成，安大昆、杨婉琦承担了模型制作及修整拍照工作，王娱、柴夕然、牟晓含参与了部分图片绘制、整理、校对工作。

　　感谢北京林业大学材料科学与技术学院木材科学与工程系王天龙副教授主审并写序，感谢中国建材工业出版社对后续编审校等工作的大力支持。

　　真诚希望本书可以帮助到喜爱中国传统家具及制造工艺的读者和家具设计、工业设计等领域的专业人员，为教师、学生们提供有意义的帮助和参考。如本书有错误和不妥之处，希望广大读者给予批评指正。

编　者

2016 年 10 月

目　录

下篇 模 型

上篇

基础知识

第 1 章　传统家具结构

中国的传统家具因其特别而智慧的结构让人惊叹不已，传统家具的接合结构也成为传统家具中继样式之后又一大可以重点探讨研究的部分。

传统家具结构之丰富、精妙是其一大特色，不同的部位接合结构形成自己的一大体系。本书以"椅"为例，探讨椅中出现的结构，对其中包含的榫卯结构分门别类进行介绍，清楚结构是制造传统红木家具的基础。

1.1　榫卯及其接合类型

1.1.1　榫卯的定义

榫：俗称为"榫头"，构件上利用凹凸方式相连接处突出的部分；

卯：插入榫头的孔眼，也称卯眼，就是与榫头上突出部分相连接的凹进部分（现代汉语词典）。

榫卯接合就是指榫头和卯眼配合组成的一种接合方式。

图 1-1 表示榫头各部位名称，图 1-2 表示榫眼各部位名称。

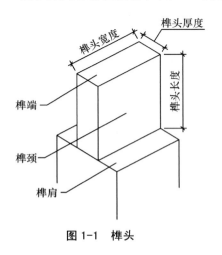

图 1-1　榫头

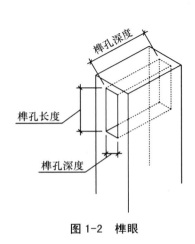

图 1-2　榫眼

1.1.2 榫头及榫卯接合的分类

榫头按照其形状分为直榫（图1-3）、燕尾榫（图1-4）和圆榫（图1-5）。

其中直角榫的断面为直角，并且榫颊和榫肩互相垂直；燕尾榫的榫头由榫端向榫肩收缩；圆榫即榫头的断面为圆形。

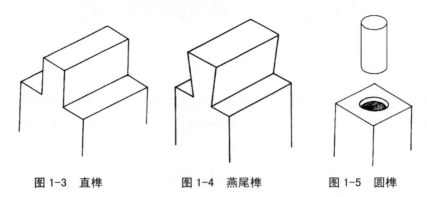

图 1-3　直榫　　　　　图 1-4　燕尾榫　　　　　图 1-5　圆榫

榫卯接合的类别主要有几大类：

（1）根据榫端是否外露分为明榫（图1-6）、暗榫（图1-7）。

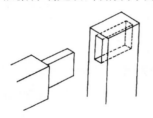

明榫（透榫）：榫端外露，接合强度大，但是影响家具的外观和装饰质量，一般用于隐蔽处，或强度低的部位。在模型制作中，为保证椅子的强度，在大边、抹头、腿、枨处均使用明榫。

图 1-6　明榫

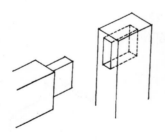

暗榫（半榫）（闷榫）：榫端不外露，但接合强度弱于明榫，一般用于需保证美观的接合处。在模型制作中，椅腿和搭脑之间、矮老与枨之间、牙子与腿之间的接合为保证美观性，我们选择用暗榫接合。

图 1-7　暗榫

（2）根据榫头侧面是否外露分为开口榫（图1-8）、半开口榫（图1-9）、闭口榫（图1-10）。

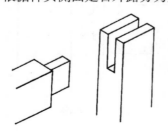

开口榫：榫头侧面外露，加工简便，强度大，但不美观。模型由于榫卯接合部位尺寸小，所以模型的结合强度较低，故不适用开口榫，不利于模型成品的稳定性，同时也不美观，结构设计中应予以避免。

图 1-8　开口榫

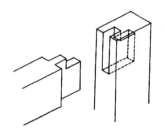

半开口榫（长短榫）：侧面露出一部分，一般为暗榫，既可增加胶合面积，又可防止扭动。一般用于榫孔方材的一端，能够被制品的某一部分遮盖的情况下使用，如模型中椅子下部的罗锅枨与腿足的接合，可以强化结构强度，并且防止罗锅枨扭动。

图 1-9　半开口榫

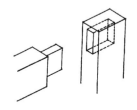

闭口榫：榫头侧面不外露，美观，可防止装配时榫头扭动。我们在进行椅子模型结构设计时，多数采用这样一种结构，加工相对简单同时又保证强度和美观性。

图 1-10　闭口榫

（3）根据榫肩不同分为单肩榫（图 1-11）、双肩榫（图 1-12）、多肩榫（图 1-13）、夹榫（图 1-14）。

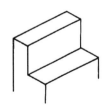

单肩榫：榫头在方材一边只有一个榫肩，适用于较薄的构件。比如椅子中的罗锅枨，为保证罗锅枨不扭动可以采用这种榫肩。

图 1-11　单肩榫

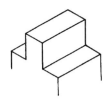

双肩榫：榫头两边都有榫肩，接合后不易扭动，比单肩榫坚固，一般的家具都用这种方法。大部分结构使用这种榫，有较好的加工性能同时保证结构稳定。

图 1-12　双肩榫

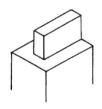

多肩榫：榫头有两个以上的榫肩。模型制作中，多肩榫不好加工，故很少采用这种结构。

图 1-13　多肩榫

夹榫：有平行排列的榫头和榫肩。椅子结构中基本不使用，这种榫类似于现在的指接榫，榫卯之间接触面积大，强度大，用于盒类造型面之间的接合，还有可以参考的是夹头榫的造型，但夹头榫是1个槽。

图 1-14　夹榫

（4）根据榫头数目不同分为单榫（图1-15）、双榫（图1-16）、多榫（图1-17）。

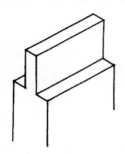

单榫：只有一个榫头，用于一般家具的接合。在模型制作过程中，多数结构只有一个榫头。

图 1-15　单榫

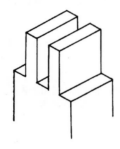

双榫：有两个榫头，用于一般家具的接合。较多地应用在需要加强结构强度的位置。在模型制作过程中，榫卯接合已经很少了，这种结构不便加工，现在也很少使用两个榫头的结构。

图 1-16　双榫

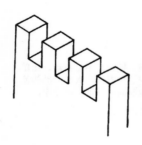

多榫：有两个以上的榫头，榫头数目越多，胶合面积越大，接合强度越高。多用于木箱、抽屉的箱框接合，榫头亦可以是燕尾榫。

图 1-17　多榫

（5）根据榫头、榫眼角度不同分为直角接合（图1-18）和斜角接合（图1-19）。

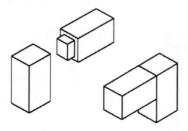

直角接合：榫头与榫眼的接合部位成90°角，胶合面积大，接合强度高。但一端断面露在外面，不美观。椅子模型的设计中搭脑、椅腿、靠背接合，腿足与枨的接合等多数位置采取这样的直角接合。

图 1-18　直角接合

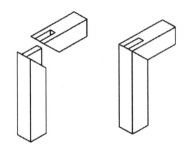

斜角接合：两根方材接合部位切成45°角，可避免端部外露，外表美观，椅子中的大边抹头、束腰托泥结构的腿与束腰牙子的接合较多采用。

图 1-19　斜角接合

1.2 "椅"座面上部榫卯接合类型

1.2.1 搭脑与腿、靠背接合

1．搭脑出头

搭脑出头的代表椅有灯挂椅、四出头官帽椅，还有比较特殊的圈椅。

其中灯挂椅、官帽椅搭脑与腿为直角接合，即腿足榫肩与榫头成 90°（图 1-20）。

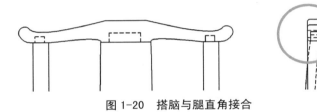

图 1-20　搭脑与腿直角接合

其中圈椅的圈与腿有角度接合，即腿足榫肩与榫头成角度（图 1-21）。

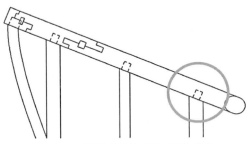

图 1-21　圈椅的圈与腿有角度接合

2．搭脑不出头

搭脑不出头的代表椅有南官帽椅及禅椅、玫瑰椅，所用的榫卯结构多为挖烟袋锅榫（图 1-26），章节 1.2.2 中有详细介绍。

不出头的搭脑其中分为直搭脑（图 1-22）和有弧线搭脑（图 1-23）两种结构。

直搭脑即俯视和侧视均为直线型，而有弧线搭脑则是在俯视图和侧视图中显示搭脑呈弧线、一般向外侧弯曲，以达到人背部与靠背更好地贴合、更加舒适的目的。

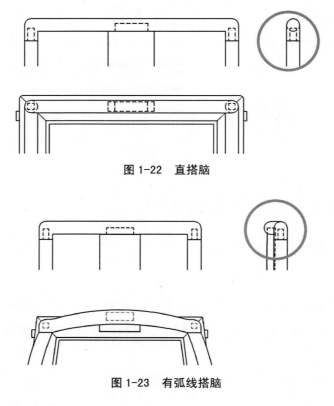

图 1-22 直搭脑

图 1-23 有弧线搭脑

1.2.2 椅圈靠背扶手接合

1. 楔钉榫

楔钉榫（图 1-24）基本上是两块榫头手掌式的搭接，两个榫头端部各一个榫头，小舌契合入槽后紧贴在一起，使它们不能上下移动。其中有双肩榫［图 1-24（a）］和多肩榫［图 1-24（b）］两种形式的小榫头。在楔钉榫接合中部凿一个方孔，将一枚断面为方形的短粗而尾稍细的榫钉贯穿进去，在向左或向右的方向上都不能拉开，从而将两段弧形弯材紧密地接合在一起。有的楔钉榫在造成后还在底面打眼，插入两枚木质的圆销钉，使榫卯更加牢固。端部的小舌在拍拢后种入槽室，这种造法可以防止前后错动，具有非常牢固的接合能力。

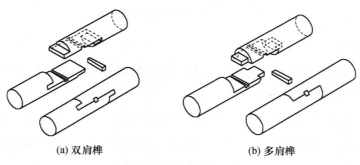

(a) 双肩榫　　　　　　　　　　(b) 多肩榫

图 1-24 楔钉榫

1.2.3　腿与扶手、腿与横枨、枨与矮老卡子花的接合

腿与扶手属于直角接合，作为直角接合还分为方材接合和圆材接合。

圆材接合的形式包含圆材暗榫格角相交、挖烟袋锅榫、圆材丁字接合、圆材斜接。

1. 圆材暗榫格角相交（图 1-25）

圆材暗榫格角相交是从外表看为斜切 45° 角，内有榫卯不外露。暗榫有的两根圆材端部都出单榫；有的一端出单银锭榫，也有出双银锭榫，这种结构使圆材扣合后不能从平直的方向将他们拉开。

2. 挖烟袋锅榫（图 1-26）

挖烟袋锅榫是常用的一种直角接合，这是北京匠师的称法。这种方法将椅子的搭脑和扶手端部造成转项之状，向下弯扣，外部呈现水平直线交接，中间凿榫眼，与腿子上端的榫相交。应用于南官帽椅、玫瑰椅等搭脑与后腿、扶手与前腿的接合。

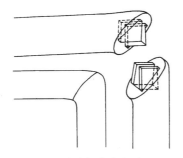　　　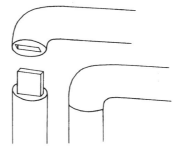

图 1-25　圆材暗榫格角相交　　　图 1-26　挖烟袋锅榫

3. 圆材丁字结合

（1）横竖材粗细相同（图 1-27）：横枨裹着外皮做肩，榫头留在正中。大部分后腿与扶手的接合都是这样的结构，以保证美观；矮老与横枨的接合结构也都是如此（图 1-28）。

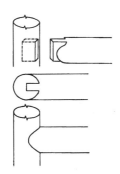　　　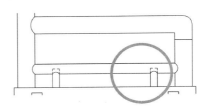

图 1-27　横竖材粗细相同　　　图 1-28　矮老与横枨接合

（2）横材比竖材细：这中间也有两种形式，一种是横竖材不交圈丁字接合（图 1-29），横枨裹着外皮做肩，但外皮退后，和腿足不在一个平面上，榫头留在圆形凹进部分的正中。

多应用在横枨与腿的结合。另一种是横竖材交圈丁字结合（图1-30），横材的外皮与竖材的外皮要在一个平面上，横材的端部裹半留榫，外半作肩。这样的榫肩下空隙较大，还有"飘肩"或"蛤蟆肩"之称。多应用于圈椅的管脚枨和腿足的相交处。

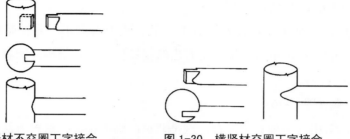

图1-29　横竖材不交圈丁字接合　　　　图1-30　横竖材交圈丁字接合

4．圆材斜接

圆材斜接是由于造型榫头和榫肩呈现一定角度的结合方式，从外表看零部件之间有的还好像是垂直丁字接合或可以看到一定角度的斜接。主要是在圈椅的圈与腿足和鹅脖、联把棍的接合上（图1-21），另外就是一些扶手从后腿向前腿逐渐向下倾斜的椅中会应用到的结构（图1-31）。

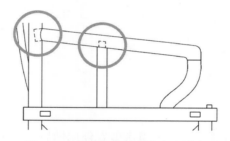

图1-31　联把棍与扶手有角度接合

方材结合的形式包含方材丁字结合，方材攒接，矮老、卡了花结合。

1．方材丁字结合

方材丁字结合的形式主要是不需要倒角的方腿和扶手之间的接合，都采用直角榫接合。

（1）交圈：包含大格肩和小格肩（图1-32），其中大格肩还包括实肩（图1-33）和虚肩（图1-34）两种。

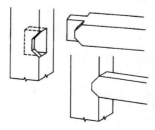

小格肩：格肩的尖端切去，这样在竖材上做卯眼时可以少剔去一些，以提高竖材的坚实程度。

图1-32　小格肩

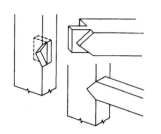

大格肩，实肩（代夹皮）：格肩部分和长方形的榫头贴在一起，加工相比于小格肩和虚肩都更好加工，但强度不如虚肩。

图 1-33 大格肩：实肩

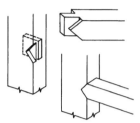

大格肩，虚肩（不带夹皮）：格肩部分和榫头之间有开口，这种加工起来较复杂，但是由于增大了接触面积，结构更加稳固。

图 1-34 大格肩：虚肩

（2）不交圈：齐肩膀（齐头碰）（图 1-35）主要应用于：横竖材一前一后不交圈时；腿足为外圆裹方而枨子为长圆。模型制作中多采用的结合方式，便于加工，减少误差。

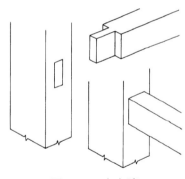

图 1-35 齐肩膀

2．方材攒接

从正面看是格肩榫（图 1-36），从背面看（图 1-37）每根短材两端均非简单地切成斜角，而是留出薄片，盖住长材尽端的断面，只在两材相接的尖端与长材格角相接合。这种方法较少使用，应用于罗汉床、架子床围子或曲尺、拐子等的横竖材攒接。

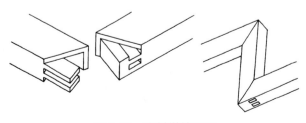

图 1-36 方材攒接正面

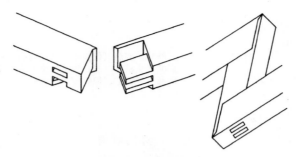

图1-37　方材攒接背面

3．矮老、卡子花接合

矮老、卡子花与面子或牙条的接合在椅子上下部结构均有大量使用，其接合方式分为如下几种：

（1）矮老有束腰（图1-38）：矮老下端与枨子、上端与牙条都用格肩榫相交。

（2）矮老无束腰（图1-28）：一般也没有牙条，矮老一端与枨格肩榫相交，另一端则用齐肩膀与大边或抹头上下面相交。

（3）卡子花（图1-39）：一端与牙条链接或直接与抹边上下面连接，下端与枨子连接，或为本身上下出榫，或为上下栽榫，或用铁锟贯穿。

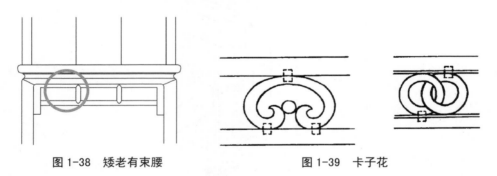

图1-38　矮老有束腰　　　　　　　　　　图1-39　卡子花

1.3　"椅"座面榫卯接合类型

1.3.1　座面框架结构

嵌板结构是板件边部处理的主要方法，这种结构制造方法有以下优点：

（1）将板心容纳在四根边框之中，薄板当作厚板用，节省材料的同时保证美观和力学性能。

（2）隐藏木材的断面，这样就使得外露的部分都是纹理美观的弦切面。

（3）边框直材与家具腿足部位结合，使板心与边抹之间存在空隙，增强了力学结构性能，同时减少了木材膨胀和收缩对家具稳定性的影响。

1. 方形的边框

大边抹头框（图 1-40），最常见的椅座面攒框结构，用格角榫攒框，边框内侧打槽，容纳板心内侧的榫舌。若面板过大需要拼合，则在大边槽下凿眼，以备板心的穿带纳入。

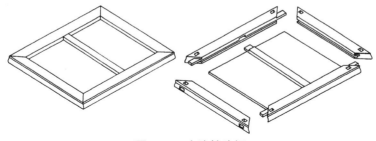

图 1-40　大边抹头框

水线下打槽装板（图 1-41），图示为未放板心可见拦水槽，边框起拦水线，在拦水线下打槽装板，容纳板心的榫舌，这种做法将边框压在板心之下，看不见板心和边框之间的缝隙，故表面显得整洁。

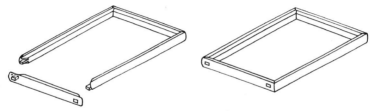

图 1-41　水线下打槽装板

板心为石材：如果边框装石板面心，则面心下用托带，又因石板不宜做榫舌，只能将石板制成上舒下敛的边，马蹄边状。框内侧也开出上小下大的斜口，嵌装石板。

2. 圆形边框嵌板

将圆形的边框分成四段（图 1-42），采用楔钉榫或逐段嵌夹法攒接。每段都是一端开口，另一端出榫，逐一嵌夹，形成圆框。其打槽、装板、凿眼、安带等与方形边框基本相同。常用于圆凳、香几等面板的制作。

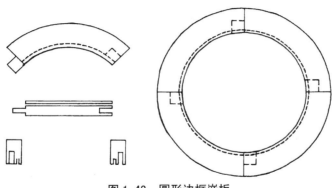

图 1-42　圆形边框嵌板

1.3.2 框架榫卯结构

椅面的框架结构均采用方材斜角接合（图1-43）：

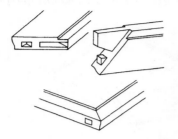

木框的四条边都在边抹合口的出格角，各斜切成45°〔或满足边抹互等即可，如扇形椅中相互接触的角部边抹角度相等（图1-44）〕。较宽的木框有时大边除留三角形小榫，可为明榫或暗榫。椅凳床榻，凡采用"软屉"做法的，木框一般都采用格角榫攒边的结构，四方形的托泥，也多采用此法。

图1-43 方材斜角接合

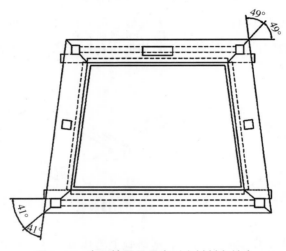

图1-44 扇形椅腿足贯穿型方材斜角接合

扇形椅腿足贯穿型的方材斜角接合（图1-44）：即格角接合的同时在斜边中部开孔留出椅腿穿插的位置。

1.3.3 座面拼合结构

（1）直榫（图1-45）：榫槽与榫舌拼接。

（2）龙凤榫（图1-46）：榫舌断面呈半个银锭榫样式，榫槽开口小逐渐向内部加大，此种造法加大了榫卯的胶合面。可以防止接口上下翘错，并使拼板不从横向拉开。

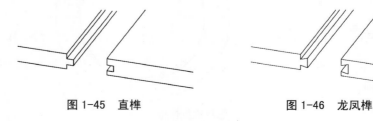

图1-45 直榫　　　　　　　　　图1-46 龙凤榫

（3）龙凤榫加穿带（图 1-47）：与榫槽横着穿木条。木板背面的带口及穿带的梯形长榫均一端稍窄，另一端稍宽，贯穿牢固可以防止拼板翘弯。

（4）平口胶合（图 1-48）：一般用于厚板的拼合，但是需要用胶，强度则取决于胶的交接强度了。

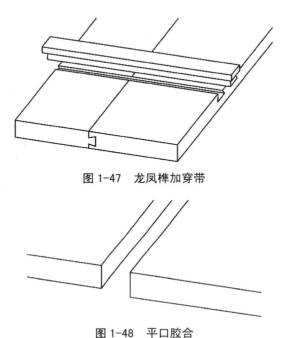

图 1-47　龙凤榫加穿带

图 1-48　平口胶合

（5）栽榫：栽榫有的为直榫（图 1-49），有的为走马销（图 1-50），一般用于厚板的拼合。

走马销即札榫，是北方匠师的称呼，是栽榫的一种。指用一块独立的木块做成榫头栽到构件上去，来代替构件本身做成的榫头。榫头的形状为下大上小，榫眼的开口为半边大，半边小。榫头由大的一边插入，推向小的一边就可以扣紧。

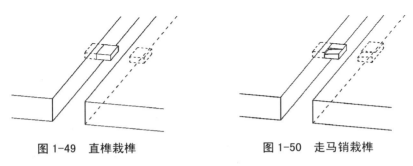

图 1-49　直榫栽榫　　　　　图 1-50　走马销栽榫

（6）燕尾榫（图 1-51）：因榫形如燕尾而得名（宋《营造法式》又称"银锭榫"》。在拼板底面的拼口处挖槽，嵌入银锭式木楔，一般用在厚板的拼合中。这种方法有损板面的整洁，故考究的家具很少使用。

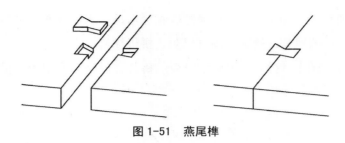

图 1-51　燕尾榫

1.3.4　椅腿与座面的接合

1. 腿足贯穿型

腿足贯穿是指腿被座面截断的上下两部分是连续地穿过座面大边抹头。

第一种是椅盘从腿足上部套上去［图 1-52（a）］：这种造法先将椅盘加工好，预留空洞，安装的时候从腿足的上端套上去，大多数椅子采用此方法，这种方法便于拆卸维修。

另一种是椅盘将腿足卡住［图 1-52（b）］：有少数椅子将前后椅腿的中间部位削出一段方颈，抹边在四角也开孔，将椅腿的中间段方颈卡住。这种造法的边抹和腿足接合得更加紧密牢固，但不便于拆卸和维修，必须先打开椅盘的抹头和大边，才能使腿足和椅盘分离。

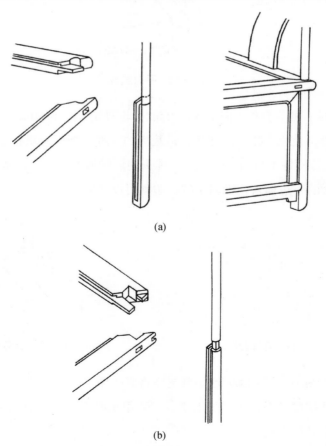

(a)

(b)

图 1-52　腿足惯穿接合

2．腿足到座面型

腿足到座面（图1-53）指的是一些没有扶手的椅子如灯挂椅。它的前腿到椅盘座面即止，不再向座面上方延伸。腿足到座面为止的结构是桌凳类家具中的基本结构，一般椅中在座面下无束腰的情况使用长短榫接合，有束腰的情况采用抱肩榫接合。

（1）无束腰的情况下前腿与座面的接合方式即为长短榫（图1-54），榫眼在大边深，在抹头上浅，为的是避开大边上的榫子。这两个榫眼与腿子顶端的"长短榫"拍合。

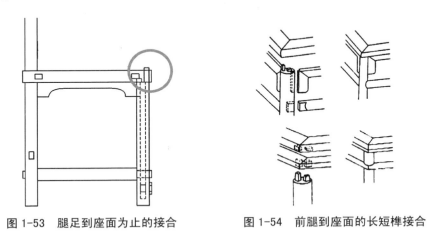

图1-53　腿足到座面为止的接合　　　　图1-54　前腿到座面的长短榫接合

（2）有束腰的情况下前腿与面有抱肩榫和齐牙条两种接合方式：

① 抱肩榫（图1-55）：在束腰的部位下方切出 45° 斜肩并开三角形榫眼，以便与牙子的 45° 斜尖及三角形的榫舌贴合。斜肩上有的还留做挂销，与牙子的槽口相挂，有束腰的椅子通常采取这种结构来做束腰。

② 齐牙条（图1-56）：这种方法多数用在炕桌上，一般在腿足肩部雕兽面，足下端雕虎爪，牙条出榫，插入兽面旁侧的榫眼内，如果牙条和束腰是两木分做的，则在腿部上端要留四个榫头，两个与两根束腰上的榫眼拍合，两个与桌面底面的榫眼拍合。

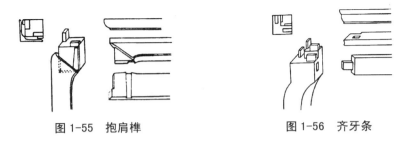

图1-55　抱肩榫　　　　　　　　图1-56　齐牙条

（3）除此之外还有高束腰结构，一般用于桌凳类结构中，在此简单叙述：分腿足与束腰上截平齐的情况和腿足高出束腰上截的情况。

① 腿足与束腰上截平齐（图1-57）：足顶端的长短榫、上部的抱肩榫都与有束腰的结构相同，只是两榫之间的距离拉长，出现一根短柱，并开槽口，以备嵌装束腰两端的榫头。

束腰的上边嵌装在抹边底面的槽口中，下边则嵌装在牙条上边的槽口内。如束腰下有托腮，则嵌装在托腮的槽口内。

② 腿足高出束腰上截（图1-58）：束腰与腿足拍合后，束腰的外皮比腿足缩进一些，而且腿足的上部比束腰高出一些，形成短柱。有的在抹边与托腮之间还安一些短柱，将束腰分隔成段，形成一块块的绦环板。

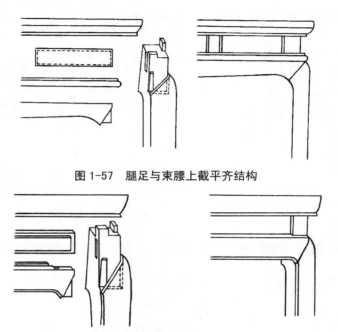

图1-57　腿足与束腰上截平齐结构

图1-58　腿足高出束腰上截结构

3. 加固腿与面的榫卯结构

钩挂榫霸王枨（图1-59）：分为使用钩挂榫将枨与腿部结合和销钉使枨与面板下部穿带结合两部分。多用于桌等面板较大的家具结构，也可用于椅榻的腿足与面的固定，但不常见。

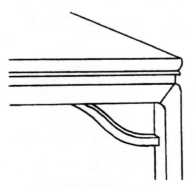

图1-59　钩挂榫霸王枨

（1）钩挂垫榫（图 1-60）：霸王枨与腿足接合的榫卯结构，榫头向上钩，制成半个燕尾榫，榫眼下大上小，而且向下扣，榫头从榫眼下部大口出纳入，向上一推，便钩挂住了，下面的空档再垫塞木楔，枨子就被挡住，安装牢固。在方形家具中，霸王枨由于枨段集中，便在它的上端聚头处，用方形木块剔挖四个缺口，定在面板穿带之下，将枨子固定。

（2）霸王枨与面子接合：上端托着面心的穿带，用销钉固定（图 1-61）。

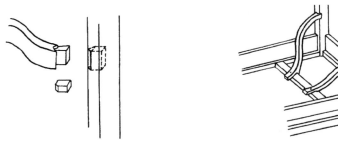

图 1-60　钩挂垫榫

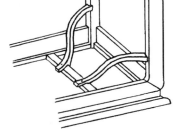

图 1-61　霸王枨与面子接合

1.4　"椅"座面下部榫卯接合类型

1.4.1　座面与牙子的接合

座面与牙子的接合通常是牙子出榫与座盘下面开出的榫槽配合，对于没有束腰的结构来讲，牙子榫头与牙面为一平面，并嵌入大边下面的槽中（图 1-62）；对于有束腰的结构来讲，牙子榫头与牙面不齐平，束腰与压板为侧牙板出榫头，如抱肩榫结构（图 1-63）。

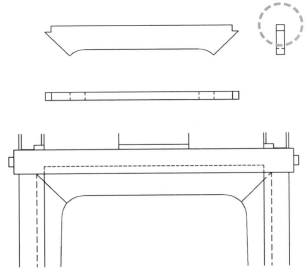

图 1-62　牙子榫头与牙面为一平面

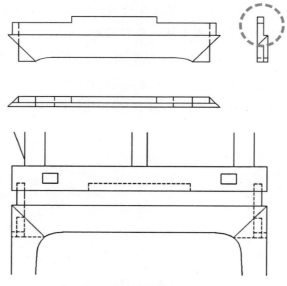

图 1-63　牙子榫头与牙面不齐平

1.4.2　牙子与牙条的接合

牙条之间的接合主要指的是牙条角部的接合，通常有以下四种方式：有揣揣榫（图1-64）、嵌夹式接合（图1-65）、合掌式接合（图1-66）、插销式接合（图1-67）。

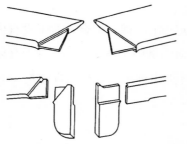

揣揣榫：两牙子各出一榫头，互相嵌纳的都可以称为"揣揣榫"，有的正、背两面格肩，两榫头都不外露，这种造法很考究，我们的模型中也可采用这种方式，但对手工要求比较高。

图 1-64　揣揣榫

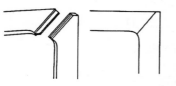

嵌夹式：两榫格肩相交，但只有一条出榫，另一条开槽接榫。

图 1-65　嵌夹式接合

合掌式：两榫格肩相交，两条各留一片，合掌相交，是清代以来粗制滥造的做法，会使得家具结构显得很粗糙。

图 1-66　合掌式接合

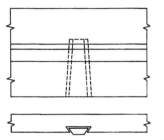

插销式：两条格肩，各开一口，插入木片，以穿销代榫。多用于圆座墩牙条与腿足结合。椅子结构中不常见。

图 1-67 插销式接合

1.4.3 横竖材与牙子的接合

脚牙在视觉效果上是增加美观，提供一些装饰效果，而在结构上，脚牙也具有增强结构力学性能的作用。章节 1.4.1 中介绍了座盘与牙子的接合方式，牙条与横竖材接合也是同样的结构，即第一种在横竖材上开大槽（长槽）来嵌牙子［图 1-68（a）］；另外还有一边入槽，一边使用栽榫与横竖材上的榫眼结合［图 1-68（b）］；还有一种是两边分别是栽榫的方式与横竖材结合［图 1-68（c）］。

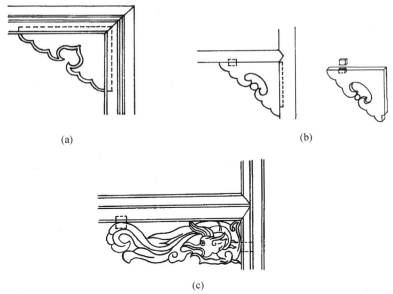

(a)

(b)

(c)

图 1-68 横竖材与牙子的接合

1.4.4 腿足与托泥龟足的接合

腿足与托泥龟足的接合有二种方式：分别为直榫（图 1-69）和斗形榫（图 1-70）。

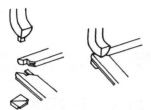

四方形托泥直榫入 ［图1-69 (a)］：托泥的四角凿眼，容纳腿足底端的榫头，类似椅腿贯穿座盘的结构。榫头由腿足出头连做，纳入托泥四角的凿眼中。

(a) 四方形托泥直榫入

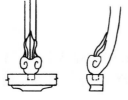

圆形托泥直榫入 ［图1-69 (b)］：托泥的凿榫眼，容纳腿足底端的榫头，腿部造型后再腿足底端由腿足出头连做，纳入托泥的榫眼中。

(b) 圆形托泥直榫入

图 1-69　托泥与腿足的直榫接合

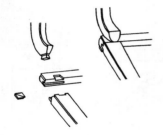

斗形榫（图1-70）：腿足底端的方形榫头切成上下大小的斗形式样，托泥在抹头上凿剔与斗形榫头相适应的榫眼，但一面敞开，榫头由此平移套装。待托泥的大边与抹头拍合后，便将榫头关闭在榫眼之中，这种结构除非将托泥拆散，否则无法将腿足从托泥中拔出，结构比较结实。

图 1-70　托泥与腿足的斗形榫接合

第2章 制作工具、材料及设备

2.1 手工工具

2.1.1 手工刨

手工刨（图2-1）是传统古家具制作的一种常用工具，由刨刃和刨床两部分构成。刨刃是金属锻制的，刨床是木制的。手工刨种类多，对木料进行粗刨、细刨、净料、净光、起线、刨槽、刨圆等方面加工。

图2.1 手工刨

手工刨刨削是指刨刃在刨床的向前运动中不断地切削木材；刨料是指把木材表面刨光或加工方正；净料是指在木料上画线、凿榫、锯榫后再进行刨削；净光是指家具零部件组合后，全面刨削平整。

推刨要点：左右手的拇指压住刨刃的后部，食指伸出向前压住刨身，其余各指及手掌紧捏手柄。刨身要放平，两手用力均匀。向前推刨时，两手大拇指需加大力量，两个食指略加压力，推至前端时，压力逐渐减小，至不用压力为止。退回时用手将刨身后部略微提起，以免刀口在木料面上拖磨，容易迟钝。

2.1.2 手工锯

手工锯是一种小型木工工艺品加工时使用的锯，其特点在于使用方便、灵活、更换锯条也较为方便，其中包含直线锯（图2-2）和曲线锯（图2-3）。曲线锯锯条具有各个方向都能进行锯切的特点，可以加工一些特异型图形的加工；直线锯就只能加工直线。

一般情况下使用直线锯对零部件进行加工需要先确定要锯切的位置，逆齿向下划出，锯条与锯切位置成45°角左右，使用时不能锯切速度过快，否则会导致锯条摩擦剧烈发热使锯条弯曲。使用曲线锯要注意锯条安装地松紧适中，锯条与部件成90°角，同样锯切速度不能过快，以免锯路跑偏和锯条发热损坏。

x

图 2-2　直线锯　　　　　　　　　图 2-3　曲线锯

2.1.3　锉

锉（图 2-4、图 2-5）是用来锉削构件的孔眼、棱角、凹槽或修整不规则的表面。木工加工时通常使用木锉，在使用时木锉都装有木柄。按其形状不同，分为平锉、圆锉、扁锉等，其还具有不同的规格以及不同的粗糙度，适用于所要加工的产品规格。

使用时应注意木锉粗糙面与工件之间的角度及接触面积的控制，以达到加工的目的。根据模型大小，基本使用规格在 3mm 以内。

图 2-4　粗糙度大的杠锉　　　　　　图 2-5　粗糙度小的金钢锉

2.1.4　夹具

在手工夹具中老虎钳又称为台钳子（图 2-6、图 2-7），是作为固定零件的一种工具，可以保证在对零件进行加工的时候使零件处于固定，对其进行加工，提高加工的便捷性与加工精度。

图 2-6　适合较小零件加工的台钳子　　图 2-7　需固定在台面上适合较大零件加工的台钳子

使用时将其下部固定在台面上，上部用来固定零件，需要注意的是，固定零件的时候不可以拧得过紧，否则会使较软的木材变形劈裂，办法是在零件与钳口间加一层薄片木材或布，缓解钳口对零件的压力。

2.1.5　量具

量具包括直尺（图 2-8）、直角尺（图 2-9）、游标卡尺（图 2-10）、角度尺（图 2-11）。其中直尺用来在下料的过程中量取合适长宽厚度的木料，并且在划线的过程中，使用直尺选取大致范围；直角尺是在画垂直线的时候使用，方法是将手柄与零件取齐后再画垂直于零件边线的直线；游标卡尺在划线和刨切的时候进行进一步更精确的测量，以保证加工精度；角度尺是在进行一些有角度的零件加工的时候划线使用的，对于一些斜切，如大边抹头互余配合的角度等都需要使用角度尺进行划线。

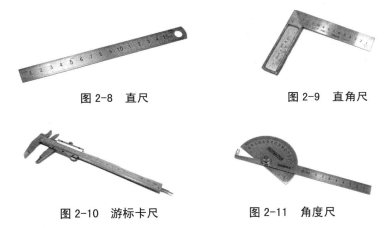

图 2-8　直尺　　　　　　　　　　图 2-9　直角尺

图 2-10　游标卡尺　　　　　　　图 2-11　角度尺

2.1.6　手工钻

手工钻（图 2-12）又称为手钻，通过手的压力对木料进行简单地钻孔并有修饰卯眼的功能。

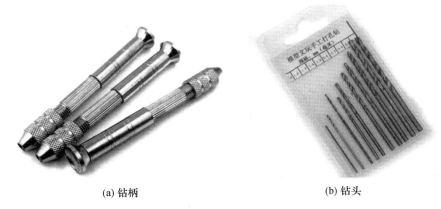

(a) 钻柄　　　　　　　　　　　(b) 钻头

图 2-12　手工钻

手工钻由钻柄［图2-12（a）］和钻头［图2-12（b）］两个部分组成，使用时根据钻眼的大小选择相应的钻头固定在手柄上。注意向下钻眼时力度适中，太细的钻头不要用力过大，避免钻头断掉。

2.1.7 刻刀

刻刀（图2-13）的作用是把由钻头打出的圆孔修成方孔，刻刀主要使用木刻刀，根据模型尺寸，基本选用规格在3mm以内的刻刀。使用时要注意刀刃与工件成一定的角度，大概为30°～45°，用力方向为顺着木纹方向，用力大小适中，避免刀刃磨损。

图2-13　刻刀

2.1.8 手持电动打磨机

手持电动打磨机（图2-14）是一种小型的用于工件的打磨、抛光、雕刻、塑形加工的机器，通过更换机器的打磨头可以进行各种功能的切换，是一种多功能的机器。

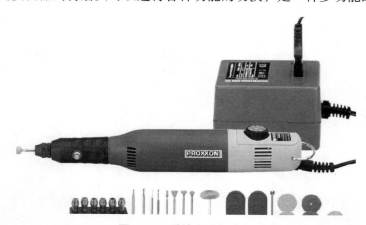

图2-14　手持电动打磨机

机器的机身像一支笔，可以握在手里，灵活便捷，电动打磨机可以减少打磨的时间，增加打磨的精度，达到更好的加工效果。

使用时应注意：使用前一定要在关机的状态下把磨头安装好（使用的磨头直径应小于

3mm），按做刹车销，用扳手把磨头锁紧，接通电源就可以使用；连续使用时间达到 20 分钟需停机冷却；安装磨头要同心垂直，否则会造成振动，影响正常使用及加工质量，并可能使小电磨过早损坏；在使用过程中不要用力过大，造成转速下降；应及时减少用力，以免造成电机损坏。

2.2　材料

2.2.1　砂纸

　　砂纸（图 2-15）俗称砂皮，是一种可供研磨用的材料，砂纸有很多种分类，在木工行业内使用干磨砂纸，其特点在于可以将被加工的零件打磨至光滑。砂纸的背面有的是纸［图 2-15（a）］，有的是布［图 2-15（b）］，无纺布面为底的砂纸使用时间较长，并且可弯曲即打磨角度更自由。砂纸的单位是目，目数指在单位面积内沙粒即颗粒的数量多少，也就是说，目数越大的砂纸越光滑，打磨出来的面就越细腻，目数越小则越粗糙，所以打磨的时候是有一定顺序的，即从目数小的砂纸开始打磨。

　　砂纸在使用的时候最需要注意的是在打磨的时候需要按照目数的递增来进行打磨，不可以跨度过大，否则目数大的砂纸是无法将之前的痕迹打磨光滑的。目数在 1000 以下的砂纸主要是进行塑形和表面光滑，1000 以上的砂纸则是对被加工件进行抛光美化。在进行打磨的时候可以选择 200,400,800,1200,2000 逐级递增的目数进行打磨。

(a) 背面是纸的砂纸　　　　　　　　　　　　(b) 背面是无纺布的砂纸

图 2-15　砂纸

2.2.2　木蜡油

　　木蜡油原料主要以梓油、亚麻油、苏子油、松油、棕榈蜡、植物树脂及天然色素融合而成，调色所用的有机颜料为环保型。因此，它不含三苯、甲醛以及重金属等有毒成分，没有刺鼻的气味,可替代油漆的纯天然木器涂料。木蜡油（图 2-16）有液态［图 2-16（a）］和膏态［图 2-16（b）］两种形态。

木蜡油能完全渗入木材中，因此和有漆膜存在的传统油漆在外观上截然不同，表面呈开放式纹理效果，不同的木料能带来不同的真实触感，而且可以局部修复和翻新而不留痕迹，施工也非常简单，只需涂擦一到两遍即可，非常适合DIY，同时也不会对施工人员的健康造成伤害。

木蜡油的使用方法非常简单，在木材打磨光滑后，用棉布蘸木蜡油顺木纹反复涂抹，擦去表面多余的蜡油直到手摸无油的状态后，风干48小时，用钢丝面抛光，再上第二遍木蜡油，通风干燥后即完成，可在之后再使用棉布用力擦进行抛光。

(a) 液态木蜡油　　　　　　　　　　　(b) 膏态木蜡油

图 2-16　木蜡油

2.3　机械设备

2.3.1　圆锯机

小型木工圆锯机，以圆锯片方式锯割木材，广泛应用在对原木、板材、方材等的锯割加工工序中。在制造家具工艺中，圆锯机主要用于毛料的加工，根据下料单使原料加工成零件需要的尺寸，在模型制作过程中使用的圆锯机（图2-17）为手工进给式。

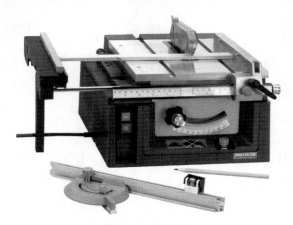

图 2-17　圆锯机

使用方法是先确定需要被加工零件的锯割厚度，调节锯片高度，之后根据被加工零件的加工角度和方向调节锯片角度和靠尺角度，然后两手压好工件向前推出，完成锯割加工。

在使用过程中要注意操作者不要位于锯片轴线，以免木料蹦出弹伤身体，并且在使用前要充分了解机器的操作规程，如如何调节锯片高度、角度，如何调节靠尺，锯切过程中注意靠尺位置，不要在加工的时候破坏靠尺，加工过程中工件要按压牢靠，不要左右移动，并且完成一次加工后要关掉电源，使锯片停止转动后再离开。

2.3.2 曲线锯

小型木工曲线锯（图2-18），是采用和手工曲线锯（图2-3）同样的原理对木料进行曲线异形线条的锯截，使用时锯条垂直于被加工工件的平面，沿轮廓锯割出需要的形状。使用时应注意进给速度要均匀，以免锯条崩断；另外使用一段时间应将机器冷却后再继续使用，以免烧坏电机。

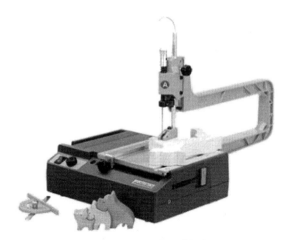

图2-18 小型木工曲线锯

2.3.3 木工压刨机

小型木工压刨机，是将毛料加工成具有精确尺寸和截面形状的工件，并保证工件表面具有一定的粗糙度。我们的模型制造工艺过程中采用小型的单面压刨床（图2-19），用以在划线前对零件进行精确的尺寸加工，得到精确的厚度、宽度。

使用时注意调节压刨高度时先使用废料进行尝试，配合游标卡尺测量精确厚度再进行实际的加工；每次刨削的厚度不要超过1mm，以免卡卡机器里，对机械造成损坏。

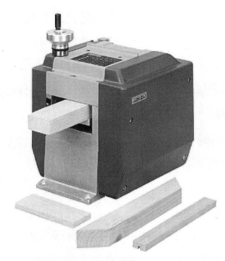

图 2-19　小型木工单面压刨机

2.3.4　钻孔机

立式单轴木工钻孔机（图 2-20），制造工艺中的孔、槽都是由钻孔机加工出来的，孔、槽的加工精度在整个制作及装配过程中都非常的关键，钻孔机是通过钻头的转动对工件进行钻孔、铣槽。

使用时应注意确定钻孔深度，调节好打孔、铣槽的位置，进行工件的固定时应使夹具让工件保持水平，加工后的钻头很烫，要避免烫伤，钻头停止转动后，再将工件取下。

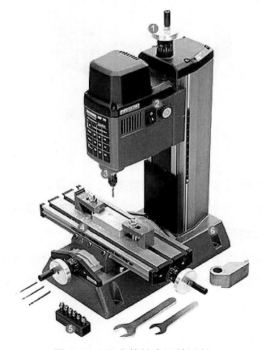

图 2-20　立式单轴木工钻孔机

2.4　数控设备

　　木工数控雕刻机是一种可以对零件进行全方位自动加工的机器，根据程序设定和三维电脑制图绘制的零件，根据软件的编程代码形成刀路，可以对木料进行自动化加工。其特点是加工精度高，加工速度快。

　　雕刻机有三轴、四轴、五轴联动加工，加工效果各不相同，三轴就只有 x、y、z 三个方向进行加工，零件加工面有所限制，到五轴就是指在一台机床上至少有五个坐标轴（三个直线坐标和两个旋转坐标），而且可在计算机数控（CNC）系统的控制下同时协调运动进行加工，加工精度更高、更方便。

　　根据使用不同，还有小型、大型、单头雕刻、多头雕刻的数控雕刻机（图 2-21），以满足不同工件的加工。通过更换钻头就可以对木料进行不同精度的加工。

(a) 小型四轴数控雕刻机　　　　　　　　(b) 大型多轴数控雕刻机

图 2-21　数控雕刻机

第**3**章 制作流程及注意事项

制作红木家具的基本工艺流程如图 3-1 所示，但是不同零件的工艺也不尽相同，比如有的零件如圈椅的圈，需要将图纸以 1：1 的实际比例打印出来，在木材上进行打样加工；而有的零件，只需要木材商直接划线再进行后续加工就可以。对于截面圆形的零件，还需要最后对零件进行倒角处理，而截面为方形的零件则直接进行打磨圆滑边角就可以了。

木工模型家具整个的制作流程以手工为主、机械为辅，确定家具尺寸是一个比较重要的步骤，也是整个制作模型的开始，要根据选取的木料的硬度等属性来确定尺寸，比如木料太软，就不宜设计精度过高、结合部位尺寸过小；如果木料太硬，也不适宜太多造型或手工加工过多的部分。开始画图的时候要想清楚结构、核对虚实线关系和尺寸，制作过程中应要耐心、划线的时候要注意尺寸精确，加工过程要尽量准确，才能够较好的装配，整个制作过程都要遵守规范。

3.1 制作流程图

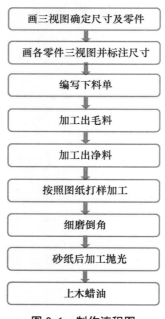

图 3-1 制作流程图

3.2 流程及注意事项

3.2.1 绘图部分

绘制图纸可以用的软件有很多种，包括 CAD，Mastercam，Solid Edge 等，但原则都是一样的，需要绘制整个家具的三视图及各零件的三视图，其中一些零部件还需要进行 1:1 比例打印，以备对其进行打样加工。

1. 画三视图确定尺寸及零件

首先根据家具的图片（图 3-2）画出家具的三视图（图 3-3），根据图片的比例确定家具各部件的尺寸，以及榫头榫眼的尺寸，将零件拆解后得到各个零部件，将其按顺序标号，并列出名称，如图 3-3 所示。

图 3-2 家具照片

2. 画各零件三视图并标注尺寸

根据画出的三视图，按照标号的顺序，将零件拆解出来，根据相应尺寸，绘制零件三视图，并标注必要尺寸，如图 3-4 所示是选取了一个大边为例。

3. 编写下料单

绘制完所有的零件图后，根据各零件的最大长、宽、厚的尺寸，将零件清单补全下料尺寸部分，下料单如图 3-5 所示。

除各零件的尺寸之外，还应对其进行整合下料，以缩短加工工序及时间，比如将同宽、厚尺寸的零件长度合并下料，先进行压刨加工，最后再锯截出长度。比如大边、抹头的宽、厚各为 9mm、5mm，加上锯截过程中的锯路损失，所以将其长度相加为 69mm×2+ 50mm×2+ 锯路宽（mm）×3=238mm+3× 锯路宽（mm），即加工净料截面积为 9mm× 5mm、长为 ［238mm+3× 锯路宽（mm）］的木料。

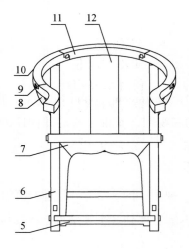
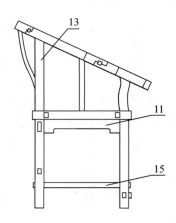

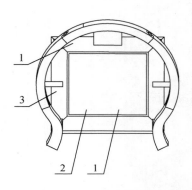

15	2	托泥抹头
14	2	侧牙板
13	2	后腿-左右
12	1	靠背
11	1	椅圈后
10	2	椅圈中段-左右
9	2	椅圈扶手-左右
8	2	联把棍-左右
7	2	正牙板
6	2	前腿-左右
5	2	托泥大边
4	1	大边-后
3	2	抹头
2	1	大边-前
1	1	座面
序号	数量	名称

图 3-3　家具三视图、零件标示图范例

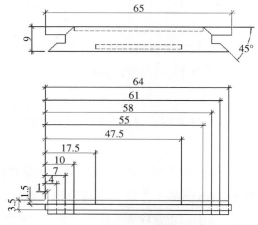

图 3-4　零件三视图尺寸标注范例

序号	数量	名称	尺寸（mm×mm×mm）
15	2	托泥抹头	46×6×5
14	2	侧牙板	50×11×2.5
13	2	后腿-左右	91.4×6.5×6.5
12	1	靠背	48.4×16×13.5
11	1	椅圈后	46.2×12.1×5
10	2	椅圈中段-左右	36.1×9.2×5
9	2	椅圈扶手-左右	55.9×13.5×5
8	2	联把棍-左右	34.9×10.5×3.4
7	2	正牙板	63×11×2.5
6	2	前腿-左右	74.4×6.5×6.5
5	2	托泥大边	61×6×5
4	1	大边-后	69×9×5
3	2	抹头	50×9×5
2	1	大边-前	69×9×5
1	1	座面	48×35×3.5

图 3-5　下料单

3.2.2　木料加工部分

1．下料

　　毛料加工（图 3-6）指的是，将方材根据家具零件的需求加工成相应尺寸大小的材料，是粗加工。也就是从大的方材中锯截出我们需要的尺寸的木料，主要是根据下料单进行锯截。例如需要从 50mm×50mm×80mm 的方材锯截出 10mm×10mm×30mm 的毛料。

图 3-6　毛料加工

　　加工出来的毛料如图 3-7 所示。

图 3-7　加工出的毛料

2．净料加工

净料加工主要指根据零件的尺寸对毛料进行刨削，在模型制作过程中，采用小型压刨机对毛料进行精度更高的压刨加工，从而得到精确尺寸的零件净料。需要注意的是在加工过程中，木料每次刨削的厚度不要超过 1mm，否则容易卡住，另外木料过短也不利于压刨，建议将同截面尺寸的零件长度合并，先进行压刨后再锯截。

得到的净料如图 3-8 所示。

图 3-8　净料

3．按照图纸打样加工

按照图纸加工有两种方式：一种是在木料上直接划线，如图 3-9 所示，画出打孔、开槽的位置等；另外一种是将图纸以 1∶1 的实际比例打印出来沿轮廓剪下后贴在净料上，如图 3-10 所示，再对木料进行细加工。

图 3-9　在木料上直接划线加工

图 3-10　在木料上贴图纸细加工

（1）锯割外形

锯割外形可以使用手工锯或曲线锯来沿轮廓锯割，如图 3-11 所示。注意同 2.1.2 手工锯使用时注意事项。

（2）打孔、开槽

打孔、开槽使用的工具为立式单轴钻孔机，参见第 2 章钻孔机的使用方法及注意事项。木料打孔开槽如图 3-12 所示。

图 3-11　手工锯锯割图　　　　　　　图 3-12　木料打孔开槽

3.2.3　后处理部分

1．装配

零件加工好后，还是比较粗糙的，并且由于手工加工精度问题，不能一次装配成功，需要进行预装配，同时修正零件的榫卯配合部分，会用到刻刀、木锉等工具。

装配的顺序为先装配好大边抹头及座面，然后再精磨椅腿，之后的顺序依次为扶手、搭脑、枨、牙子等，原则是先从主体结构零部件开始装配并打磨至配合。注意因为钻头铣出来的槽都是圆角，所以应以修饰榫槽为主，以免榫头过细断掉。

如图 3-13 所示是装配完成的模型，但还需要对其进一步细加工进行修饰。

2．细磨倒角

装配好的模型还是很粗糙，只是能够装配上，这时候需要对其进行细致的修饰，比如腿、枨、牙子等的倒角修饰，使其看起来更圆润舒服，这时已经非常接近最终成型的样子了。

3．砂纸后加工抛光

抛光工序也是比较重要的步骤，抛光过程的好坏直接影响到成品的色泽和品质，使用砂纸进行抛光要选用木磨砂纸，也就是干磨砂纸，同时使用砂纸不能跳级打磨，否则颗粒大的砂纸的痕迹是不能被打磨掉的。建议从 400 目开始打磨，800 目到 1200 目这样逐级递增，打磨到 2000 目就可以达到很好的光滑度。

4．上木蜡油

为了更好看地体现木料的颜色以及增加光泽度的持久性，要对零件上木蜡油。上木蜡油的时候用棉布用力擦拭，直到表面摸不到木蜡油为止，晾48小时后，再次进行擦拭，晾干即完成工序，得到成品，如图3-14所示。

图 3-13　完成装配　　　　　　　　　　　　图 3-14　成品

下 篇

模 型

第 **4** 章　圈椅系列

4.1　圈椅

圈椅，中原有的地区称之为斗椅。斗椅与方桌成一组，由交椅发展而来，后来逐渐发展为专门在室内使用的圈椅。大体光素，椅盘以上为圆材，以下外圆里方，椅圈部分分五段并用楔钉榫相接，圈椅的基本形式为此。

4.1.1 圈椅尺寸图

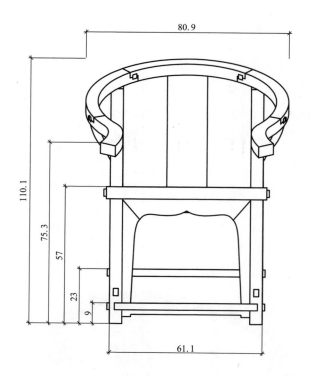

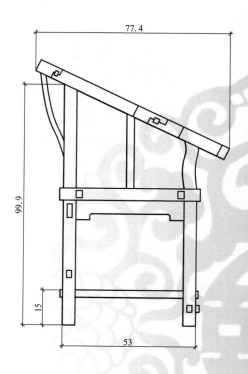

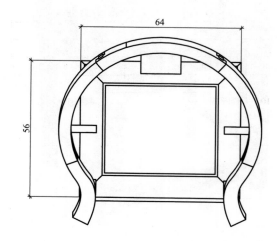

4.1.2 圈椅下料单

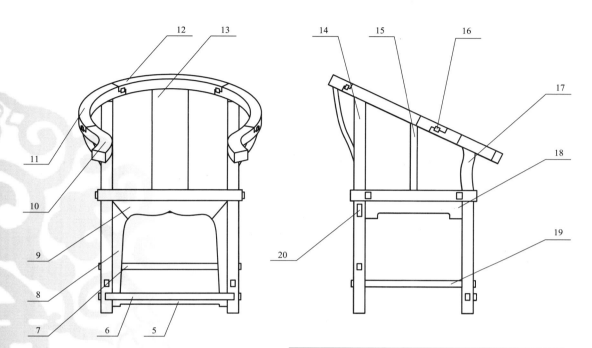

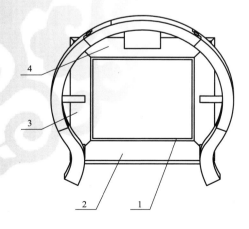

下料单			
序号	名称	数量	尺寸（mm×mm×mm）
1	座面	1	49×41×3.5
2	大边—前	1	66×9×5
3	抹头—左右	2	56×9×5
4	大边—后	1	66×9×5
5	脚踏牙子	1	51×4×2
6	脚踏	1	63×5.5×3
7	后枨	1	63×3×3
8	壶门侧牙条	2	45.5×8.4×2
9	壶门正牙子	1	54×10×2
10	椅圈扶手—左右	2	36.9×13.9×5
11	椅圈中段—左右	2	51.3×21.8×5
12	椅圈后	1	52.9×13.7×5
13	靠背板	1	51.6×16×13.1
14	后腿—左右	2	102.6×5×5
15	联把棍—左右	2	35×14×3
16	楔钉	4	5×2×2
17	前腿—左右	2	79.3×6.3×5
18	侧鱼肚牙子	2	46×9.5×2
19	步步高枨	2	49×3×3
20	后牙子	1	54×9.5×2

4.1.3 圈椅爆炸图

4.1.4　圈椅零件图

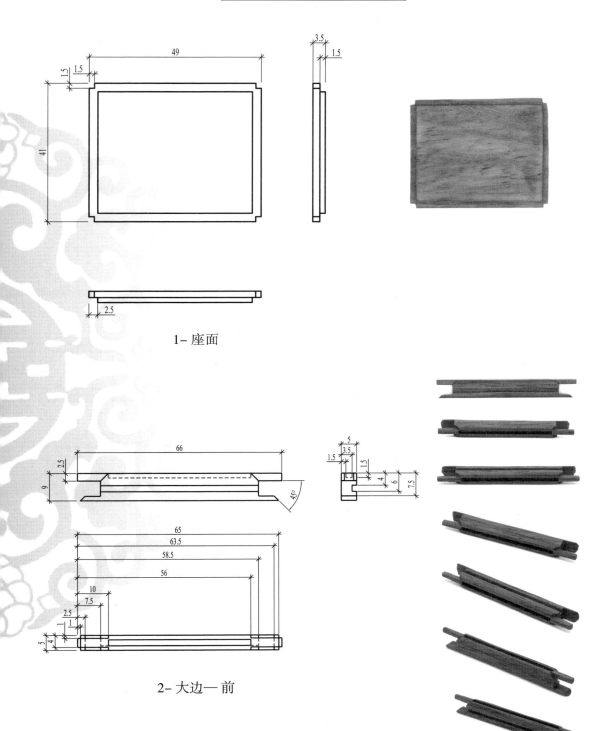

1- 座面

2- 大边一前

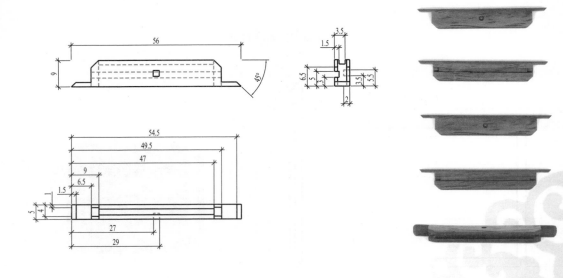

3- 抹头一左右

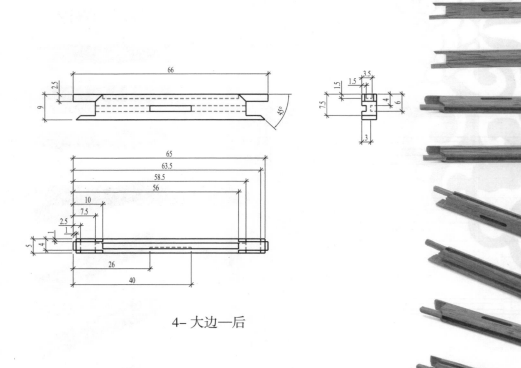

4- 大边一后

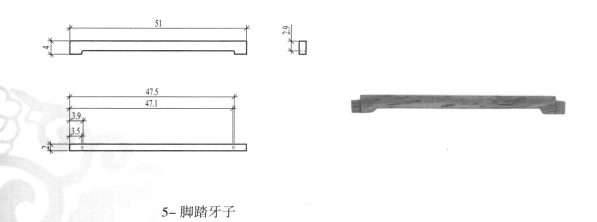

5- 脚踏牙子

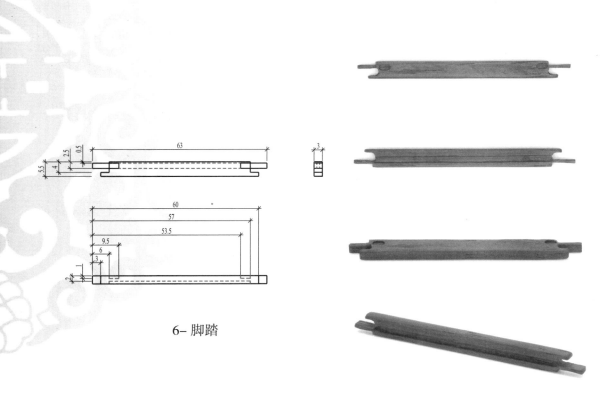

6- 脚踏

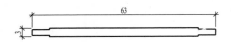

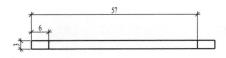

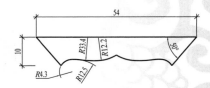

7- 后枨

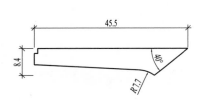

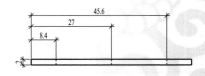

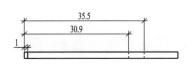

8- 壶门侧牙条

9- 壶门正牙子

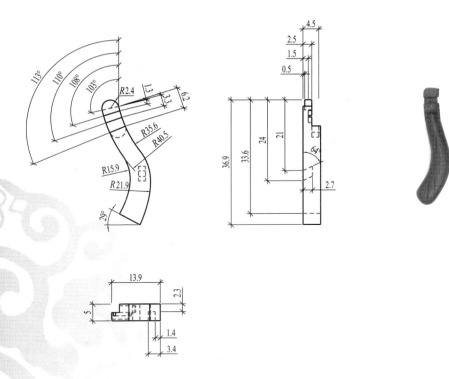

10- 椅圈扶手—左

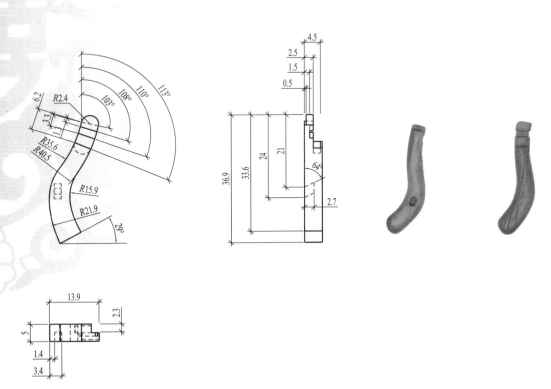

10- 椅圈扶手—右

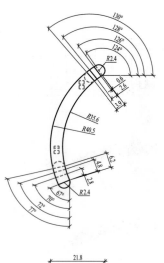

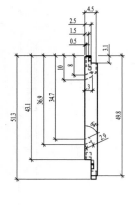

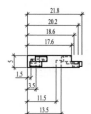

11- 椅圈中段—左

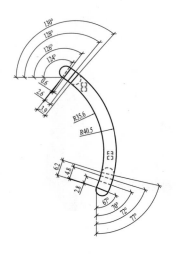

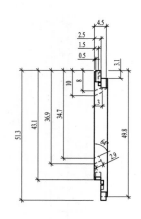

11- 椅圈中段—右

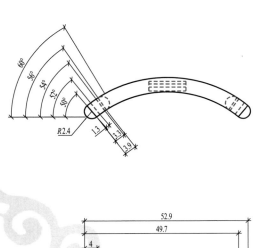

12– 椅圈后

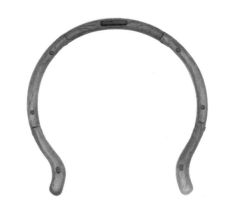

椅圈正面

椅圈背面

椅圈正面分解

椅圈背面分解

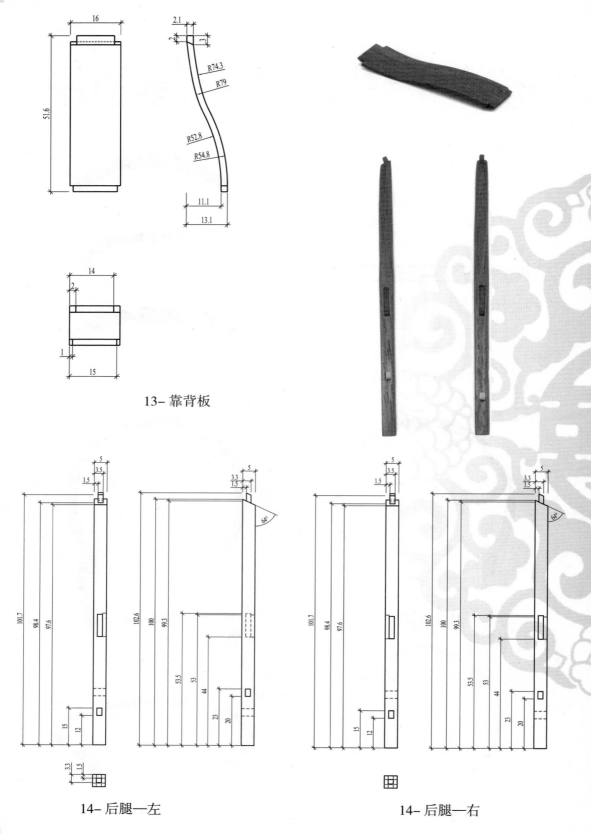

13- 靠背板

14- 后腿—左

14- 后腿—右

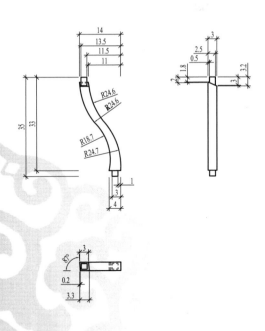

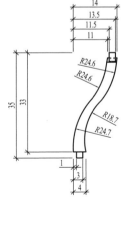

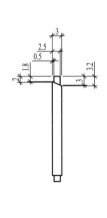

15- 联把棍—左

15- 联把棍—右

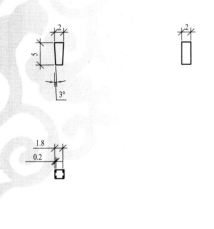

16- 楔钉

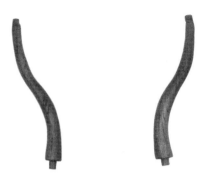

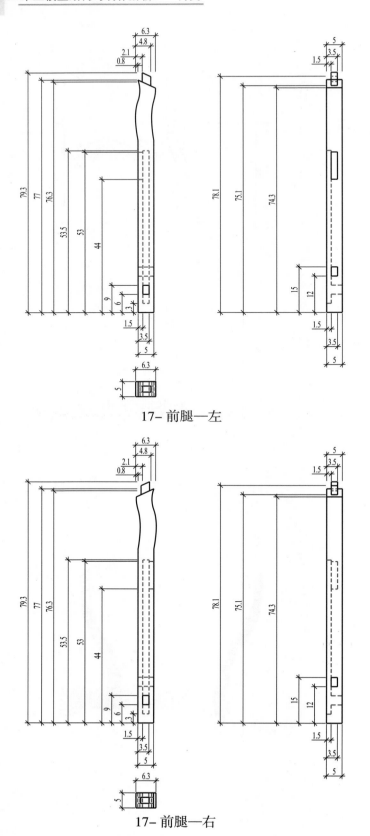

17- 前腿—左

17- 前腿—右

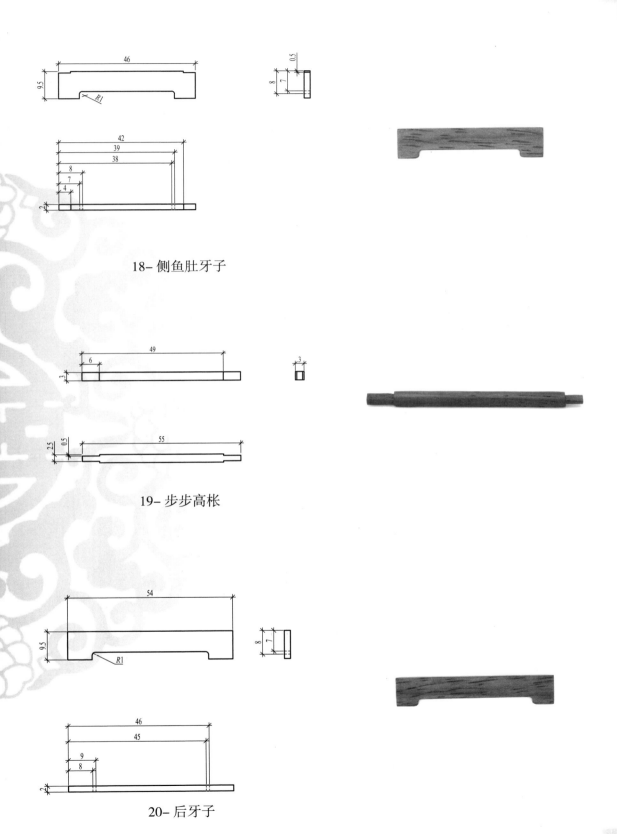

18- 侧鱼肚牙子

19- 步步高枨

20- 后牙子

4.2 缩手圈椅

缩手圈椅与一般圈椅不同之处在于扶手下方接鹅脖而不是直接与腿接合,因而前腿做长短榫与大边抹头椅盘相接合,前者的倾斜度较后者大,且使用三段式楔钉榫相接,整体尺寸较一般圈椅小一点。

4.2.1 缩手圈椅尺寸图

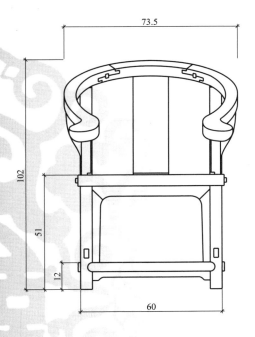

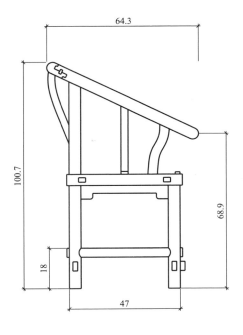

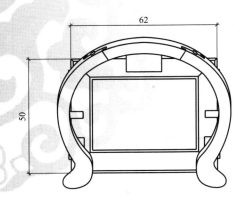

4.2.2　缩手圈椅下料单

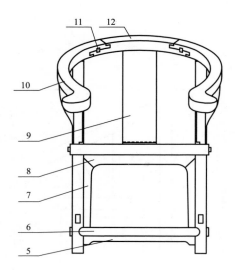

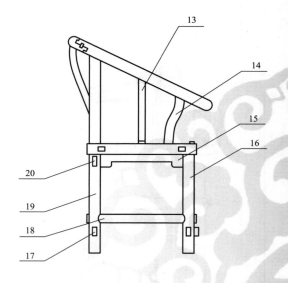

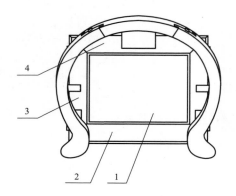

下料单			
序号	名称	数量	尺寸
1	座面	1	49×36×3.5
2	大边—前	1	64×8×5
3	抹头—左右	2	49×8×5
4	大边—后	1	64×8×5
5	脚踏牙子	1	53×4.5×2
6	脚踏	1	62×6.5×4
7	前侧牙条	2	36×6×2
8	前上牙子	1	53×7.5×2
9	靠背板	1	50×15×13.8
10	椅圈扶手—左右	2	67.9×23.5×5
11	楔钉	2	5×2×2
12	椅圈中段	1	51.3×13×5
13	联把棍—左右	2	34.6×10.1×3.5
14	鹅脖	2	26.2×9×4
15	侧鱼肚牙子	2	39×7.5×2
16	前腿—左右	2	52×5×5
17	后枨	1	62×4×4
18	侧枨	2	49×4×4
19	后腿—左右	2	93.4×5×5
20	后鱼肚牙子	1	53×7.5×2

4.2.3 缩手圈椅爆炸图

◇ 4.2.4　缩手圈椅零件图 ◇

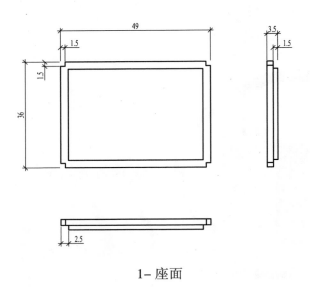

1- 座面

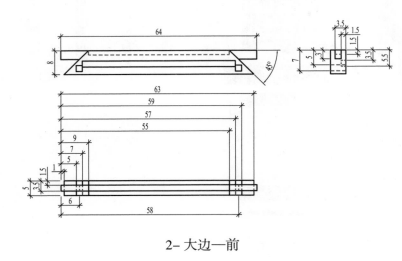

2- 大边一前

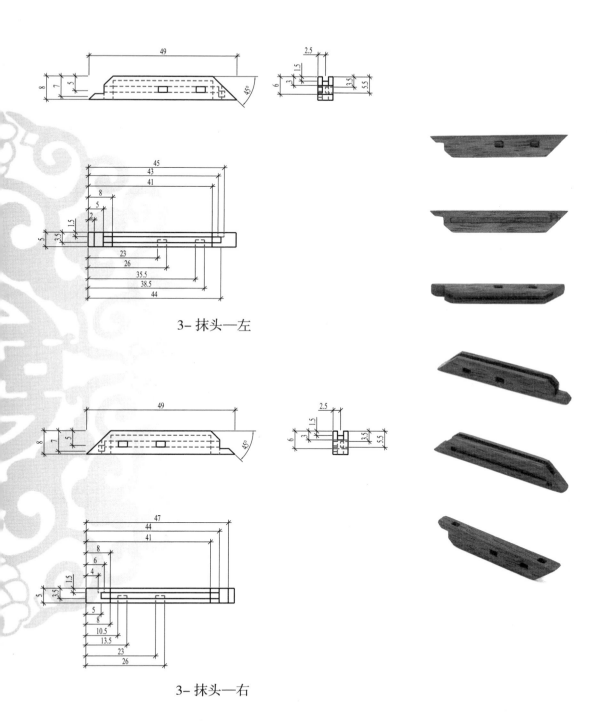

3– 抹头—左

3– 抹头—右

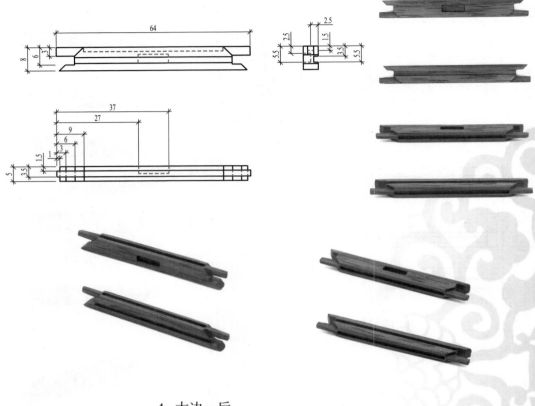

4- 大边一后

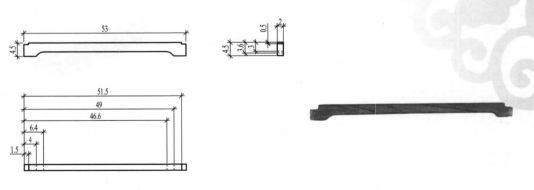

5- 脚踏牙子

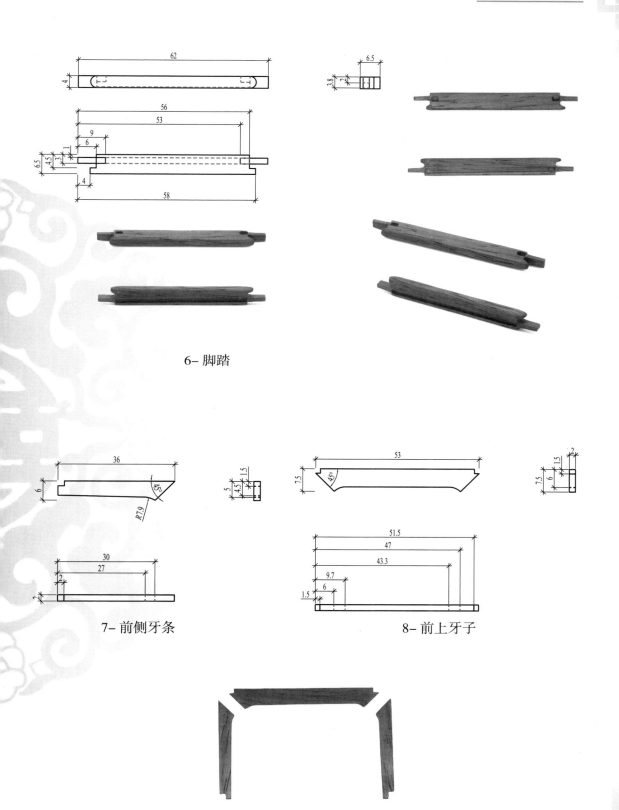

6- 脚踏

7- 前侧牙条

8- 前上牙子

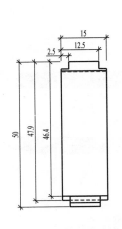

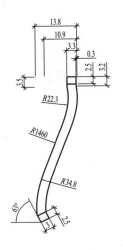

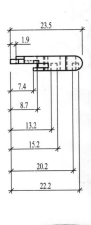

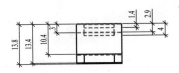

9- 靠背板

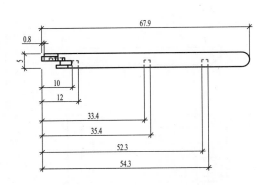

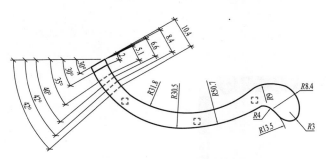

10- 椅圈扶手—左

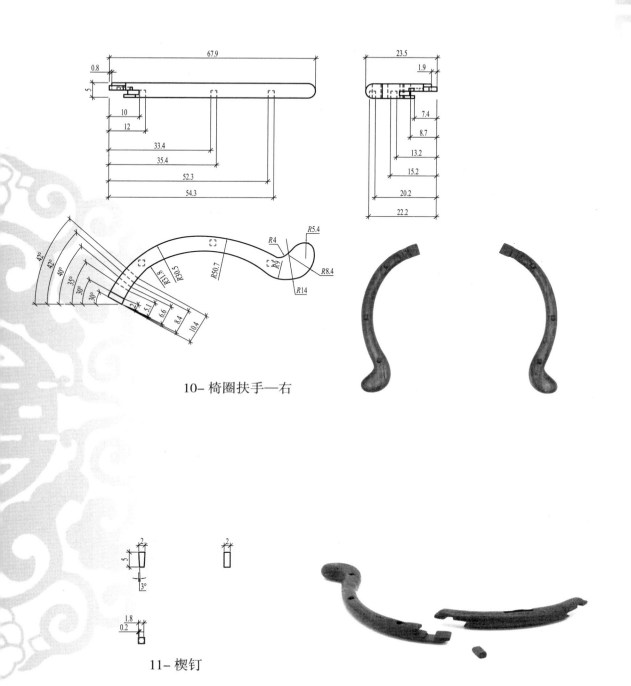

10– 椅圈扶手—右

11– 楔钉

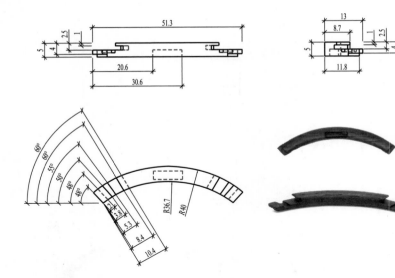

12- 椅圈中段

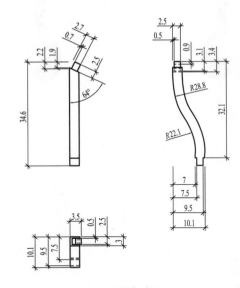

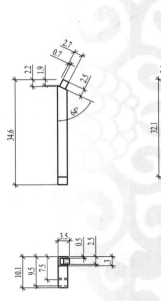

13- 联把棍—左

13- 联把棍—右

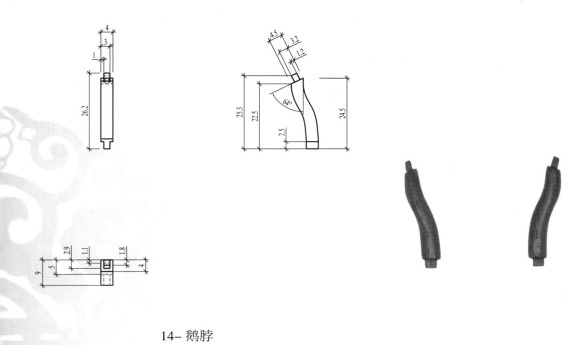

14- 鹅脖

15- 侧鱼肚牙子

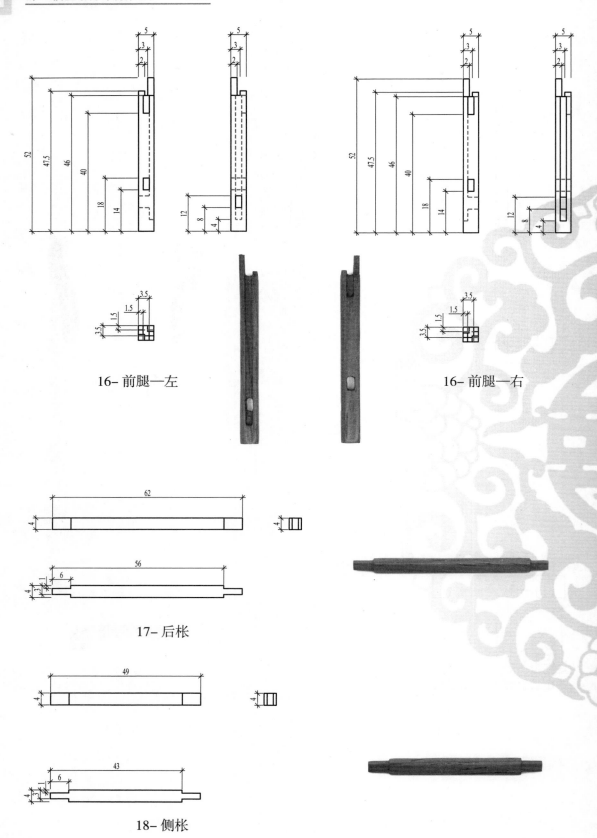

16-前腿一左

16-前腿一右

17-后枨

18-侧枨

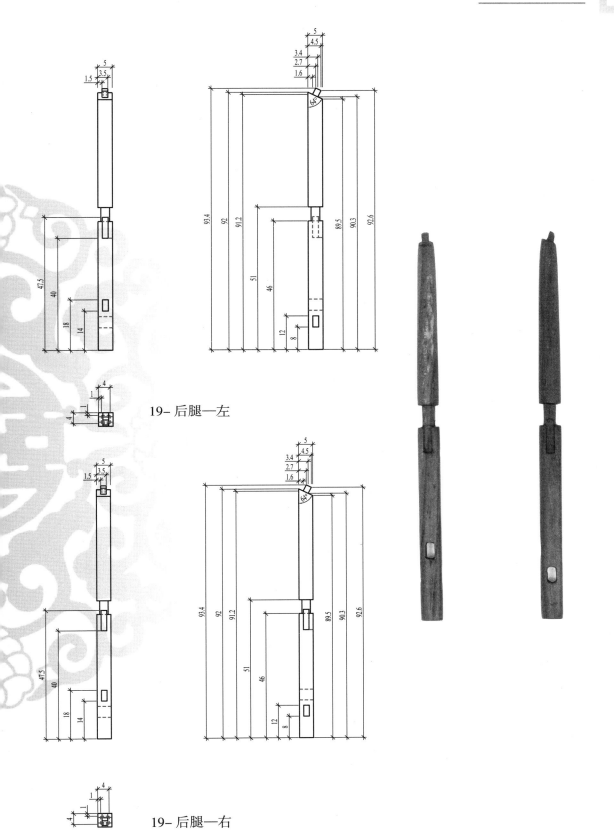

19- 后腿—左

19- 后腿—右

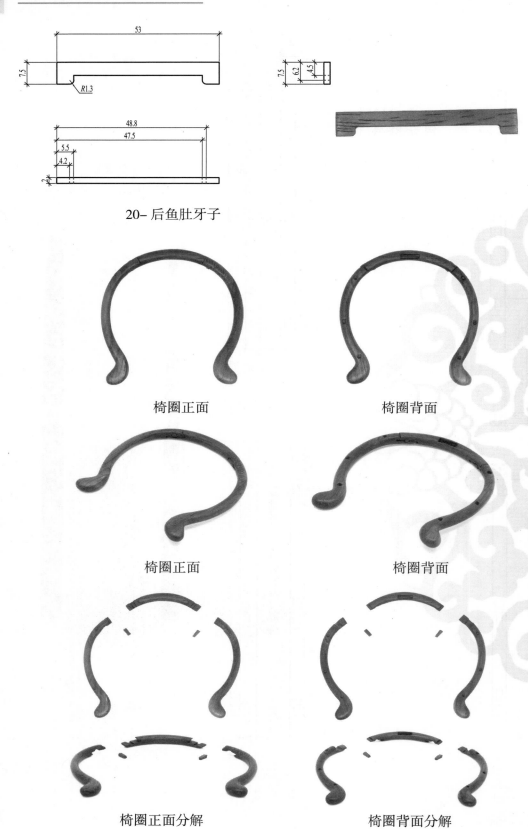

20– 后鱼肚牙子

椅圈正面　　　　　　　　　　椅圈背面

椅圈正面　　　　　　　　　　椅圈背面

椅圈正面分解　　　　　　　　椅圈背面分解

4.3　有束腰带托泥圈椅

　　有束腰带托泥圈椅主要构件格局与圈椅相似，不同在于腿和牙子的接合方式是有束腰的牙板，椅盘下部椅腿以抱肩榫的方式与牙板进行接合。椅腿底部还使用托泥作框承托椅腿，增加美观性并提供结构支撑。

4.3.1　有束腰带托泥圈椅尺寸图

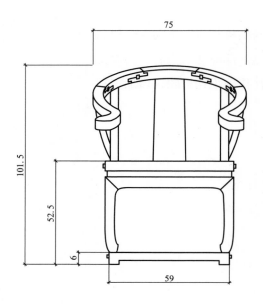

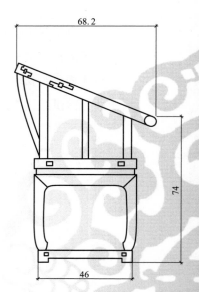

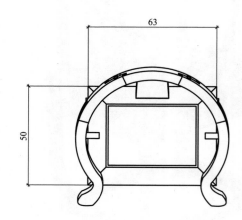

4.3.2　有束腰带托泥圈椅下料单

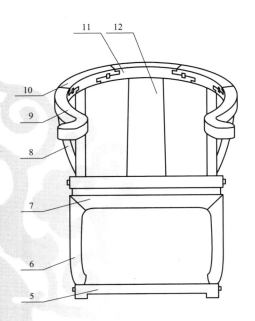

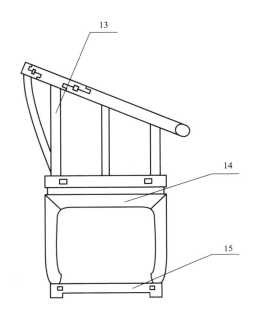

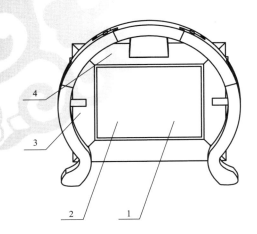

下料单			
序号	名称	数量	尺寸
1	座面	1	48×39×3.5
2	大边—前	1	65×9×5
3	抹头—左右	2	50×9×5
4	大边—后	1	65×9×5
5	托泥大边	2	61×6×5
6	前腿—左右	2	74.4×6.5×6.5
7	正牙板	2	63×11×2.5
8	联把棍—左右	2	34.9×10×3.4
9	椅圈扶手—左右	2	55.9×13.5×5
10	椅圈中段—左右	2	36.1×9.2×5
11	椅圈后	1	46.2×12.1×5
12	靠背板	1	48.4×16×14.5
13	后腿—左右	2	91.4×6.5×6.5
14	侧牙板	2	50×11×2.5
15	托泥抹头	2	46×6×5

4.3.3　有束腰带托泥圈椅爆炸图

4.3.4 有束腰带托泥圈椅零件图

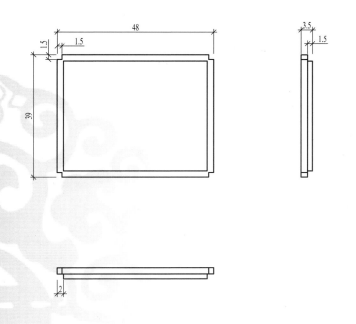

1- 座面

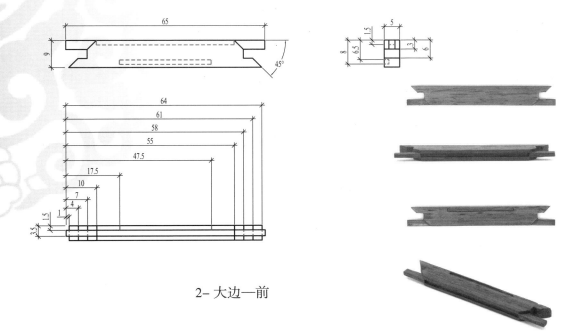

2- 大边一前

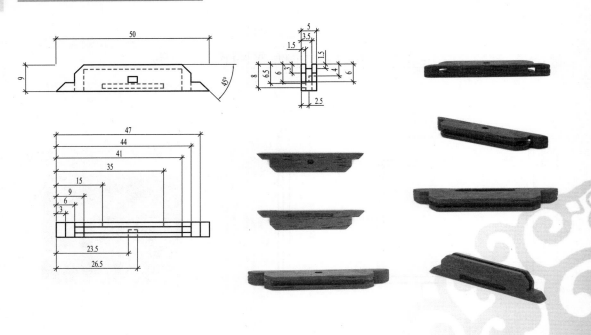

3- 抹头

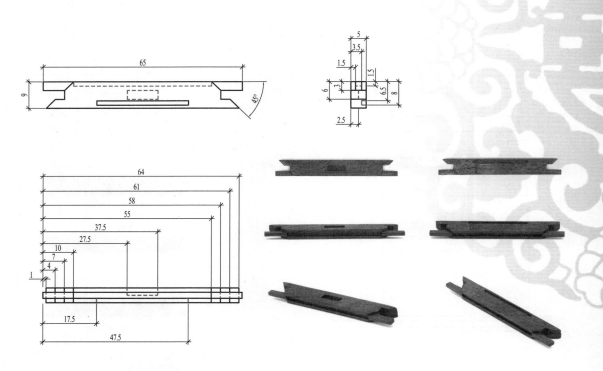

4- 大边一后

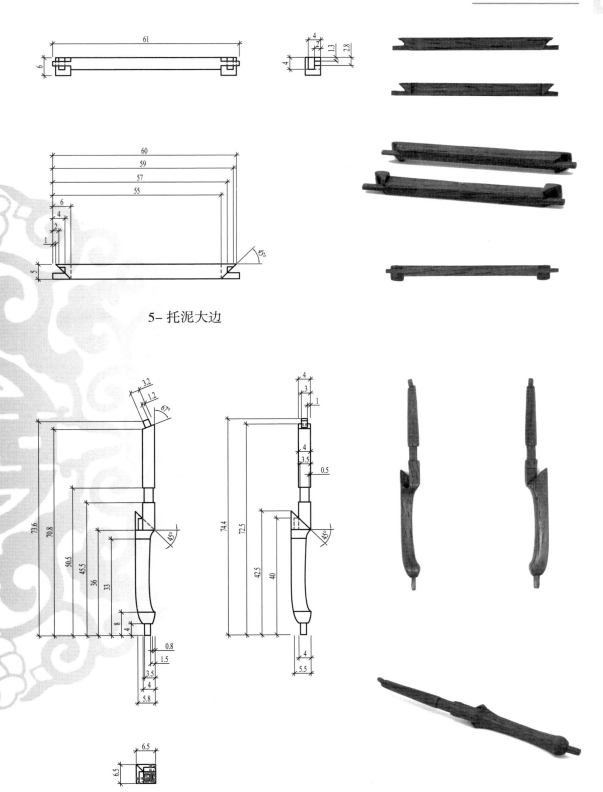

5- 托泥大边

6- 前腿—左

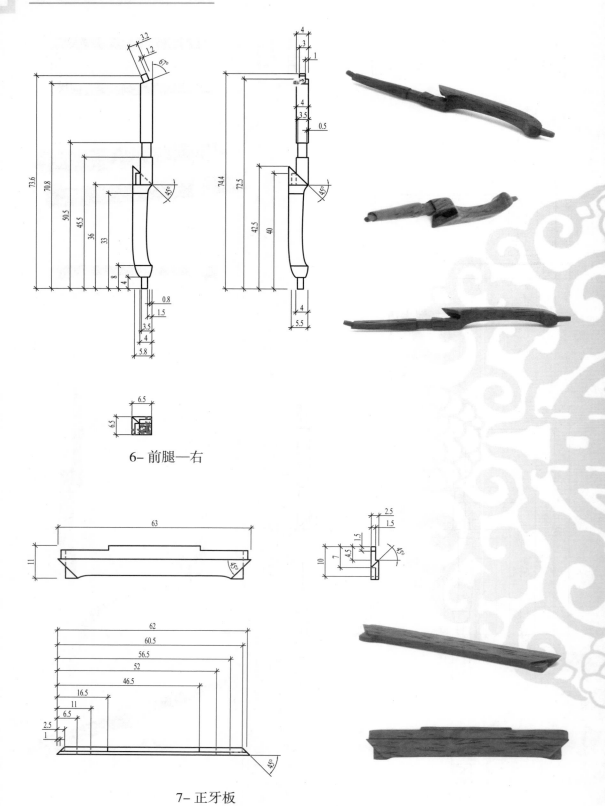

6- 前腿—右

7- 正牙板

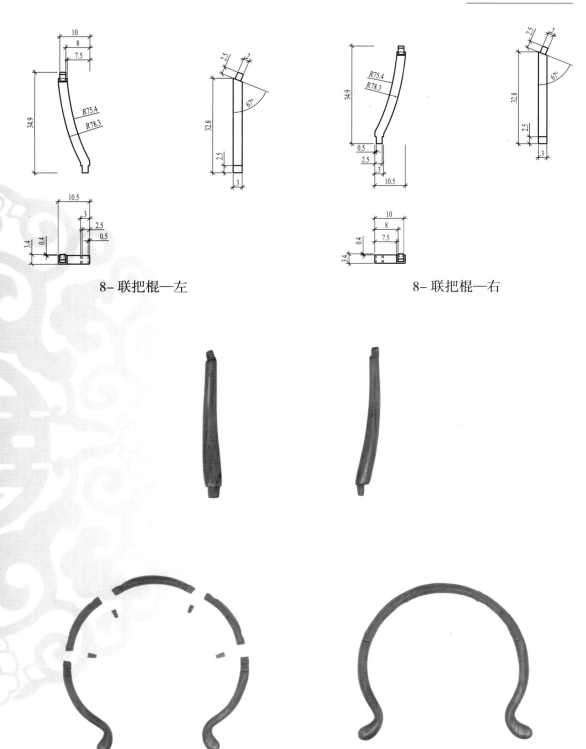

8- 联把棍—左　　　　　　　　　8- 联把棍—右

椅圈分解　　　　　　　　　　椅圈完整

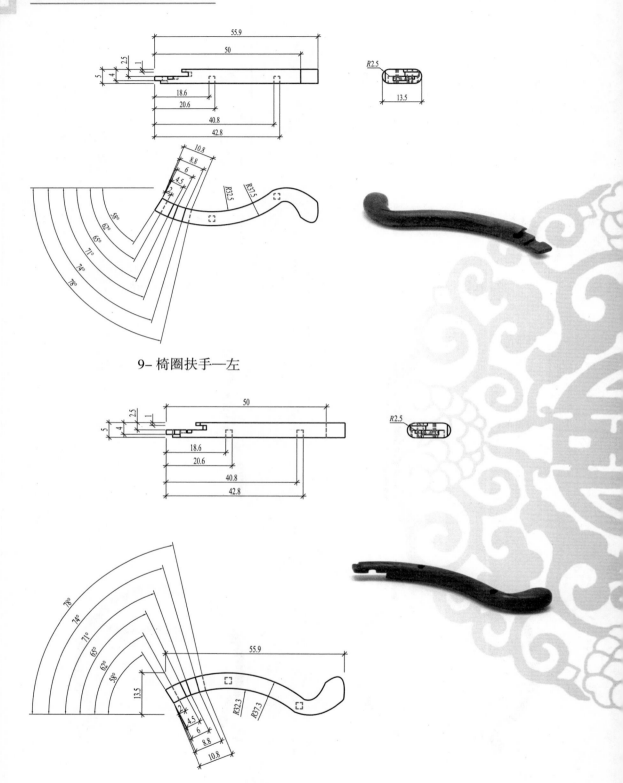

9– 椅圈扶手—左

9– 椅圈扶手—右

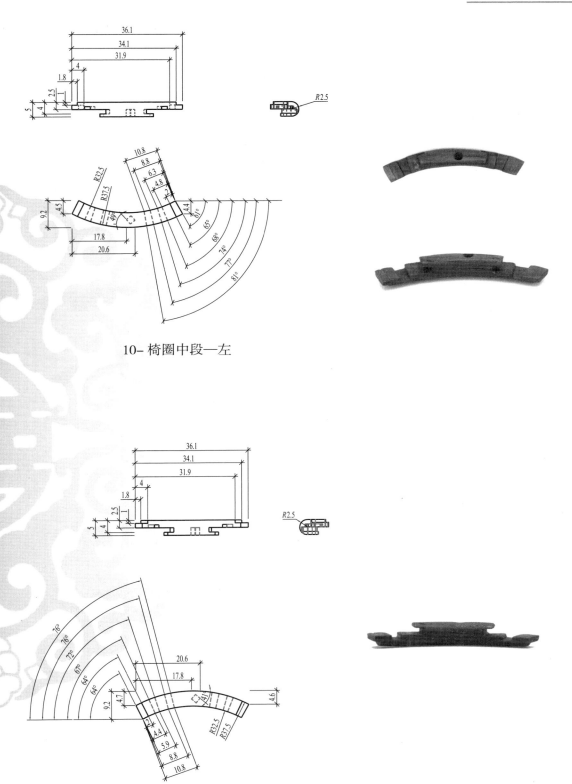

10- 椅圈中段—左

10- 椅圈中段—右

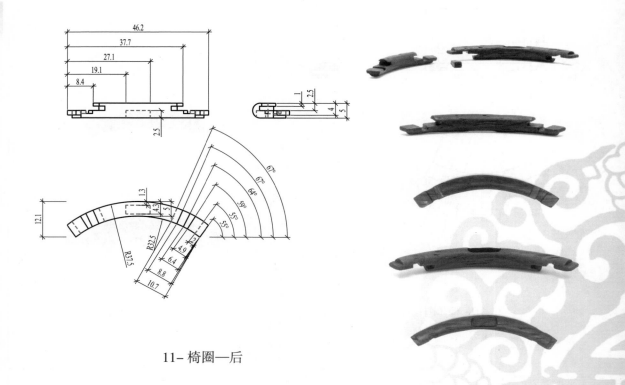

11- 椅圈—后

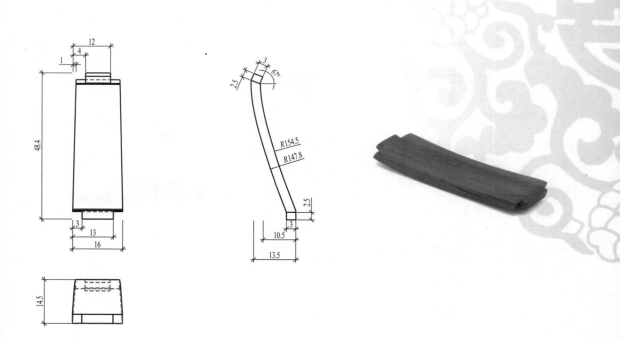

12- 靠背板

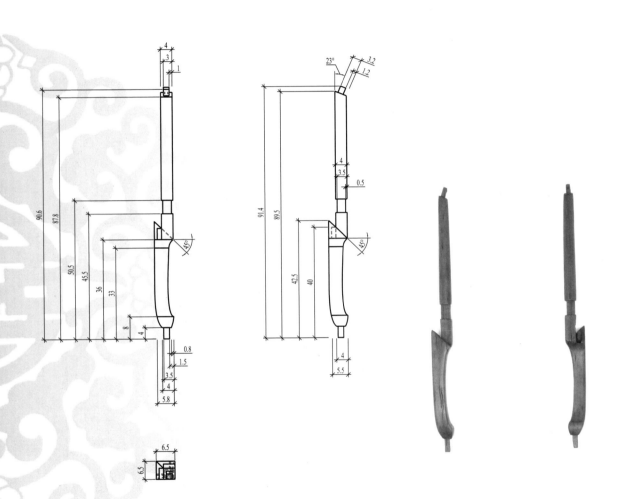

13- 后腿—左

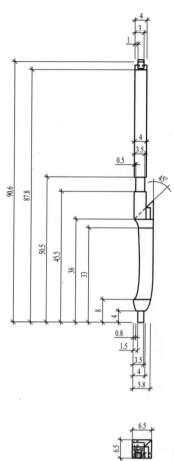

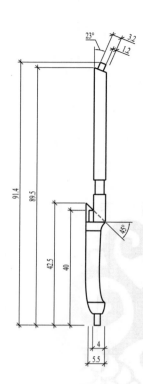

13- 后腿—右

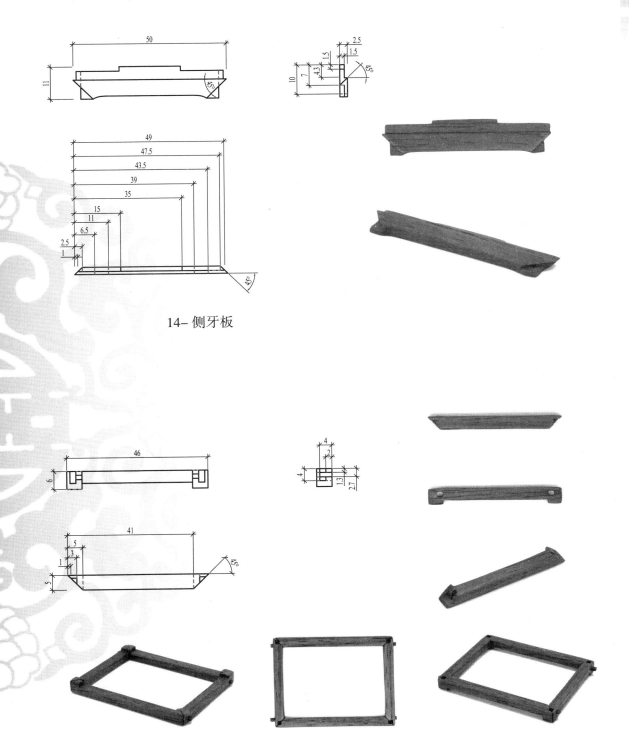

14- 侧牙板

15- 托泥抹头

4.4　卷书圈椅

　　卷书圈椅独特之处在于背板和椅圈部分的衔接是背板高过椅圈，且在背板两侧有夹条与椅圈相连接，夹条中间嵌板，上方顶卷头。椅圈共四段，分为后段与扶手部分。下方罗锅枨上坐卡子花矮老作装饰，造型较复杂但大气美观，无多余造型。

◇ 4.4.1 卷书圈椅尺寸图 ◇

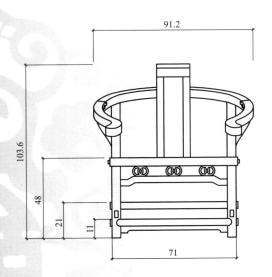

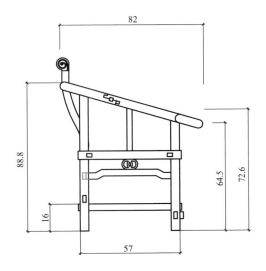

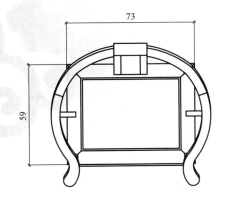

4.4.2 卷书圈椅下料单

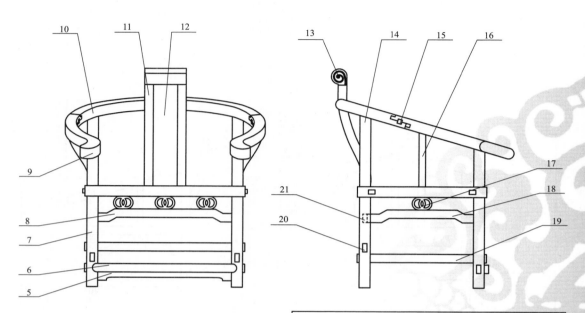

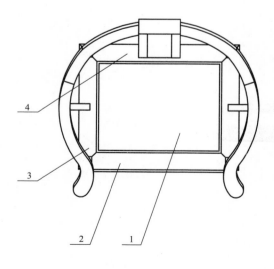

下料单			
序号	名称	数量	尺寸
1	座面	1	$60 \times 46 \times 3.5$
2	大边—前	1	$75 \times 8 \times 5$
3	抹头—左右	2	$59 \times 8 \times 5$
4	大边—后	1	$75 \times 8 \times 5$
5	脚踏牙子	1	$65 \times 5 \times 2$
6	脚踏	1	$73 \times 7 \times 4$
7	前腿—左右	2	$67.4 \times 5 \times 5$
8	罗锅枨—前	1	$68 \times 6 \times 4$
9	椅圈扶手—左右	2	$58.9 \times 16 \times 5$
10	椅圈中段—左右	2	$37.7 \times 36.4 \times 5.1$
11	靠背板嵌框	2	$54.5 \times 15.2 \times 4$
12	靠背板	1	$50.5 \times 14.1 \times 14$
13	卷书形搭脑	1	$19 \times 7.6 \times 7.1$
14	后腿—左右	2	$83 \times 5 \times 5$
15	楔钉	2	$5 \times 2 \times 2$
16	联把棍—左右	2	$30.2 \times 13 \times 3.1$
17	卡子花矮老	7	$10 \times 9 \times 3$
18	罗锅枨—侧	2	$54 \times 6 \times 4$
19	步步高枨	2	$59 \times 4 \times 4$
20	后枨	1	$73 \times 4 \times 4$
21	罗锅枨—后	1	$68 \times 6 \times 4$

◇ 4.4.3 卷书圈椅爆炸图 ◇

4.4.4 卷书圈椅零件图

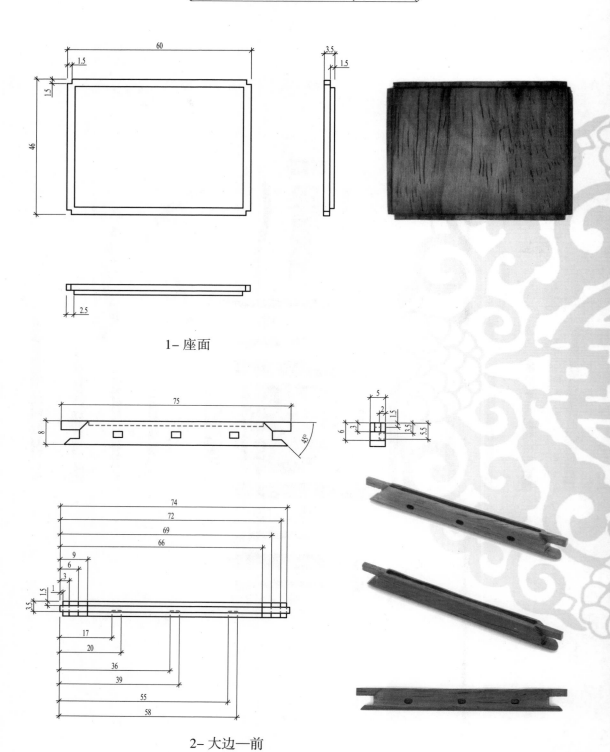

1- 座面

2- 大边—前

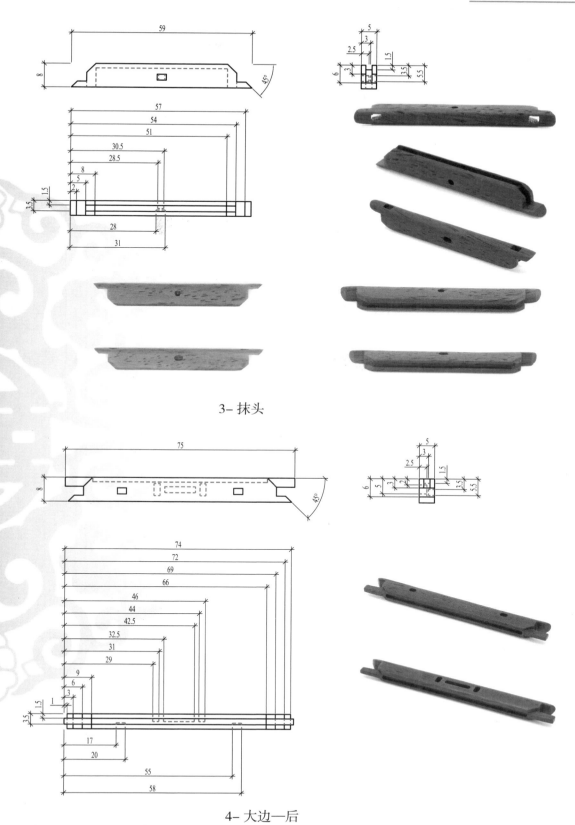

3- 抹头

4- 大边一后

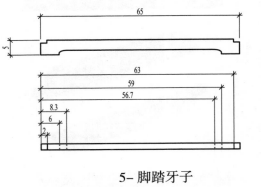
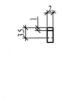

5- 脚踏牙子

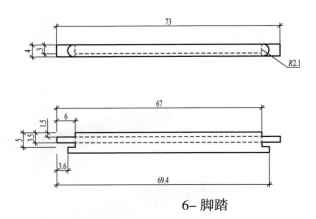

6- 脚踏

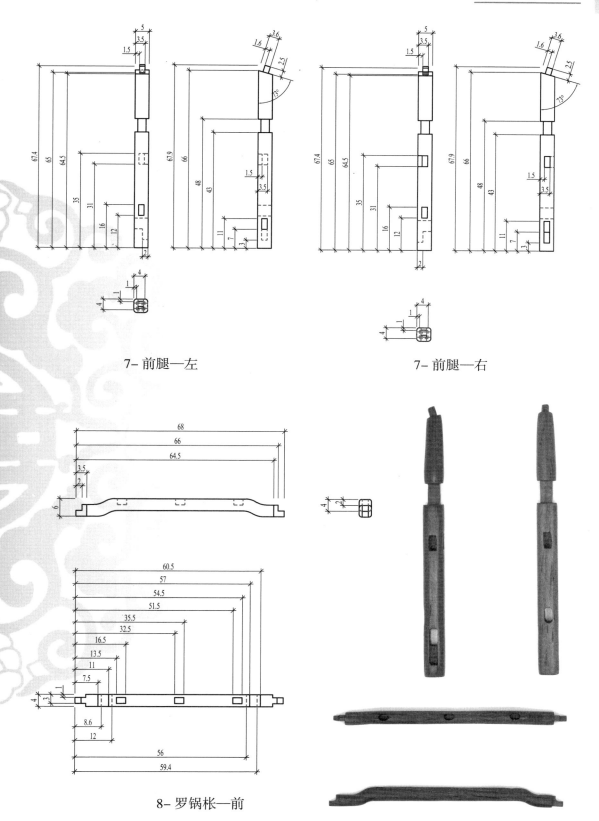

7- 前腿—左

7- 前腿—右

8- 罗锅枨—前

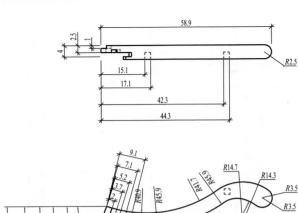

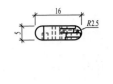

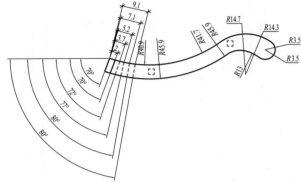

9- 椅圈扶手—左

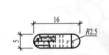

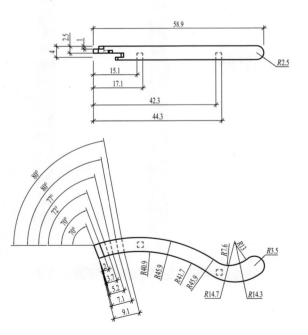

9- 椅圈扶手—右

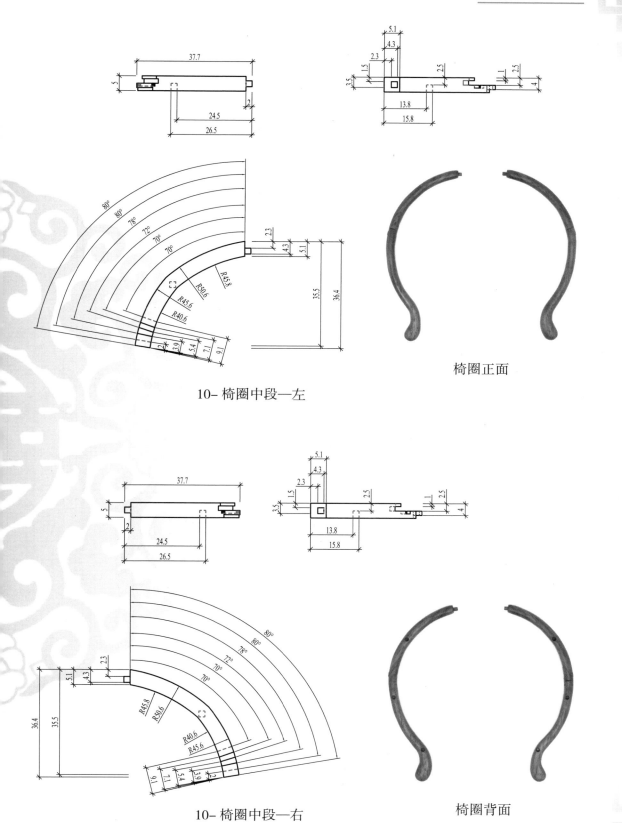

10- 椅圈中段—左

椅圈正面

10- 椅圈中段—右

椅圈背面

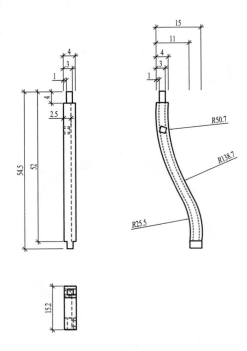

11- 靠背板嵌框—左

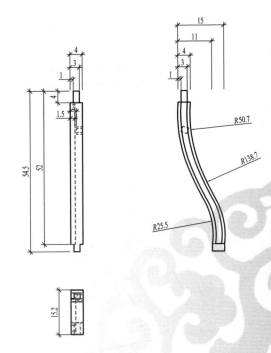

11- 靠背板嵌框—右

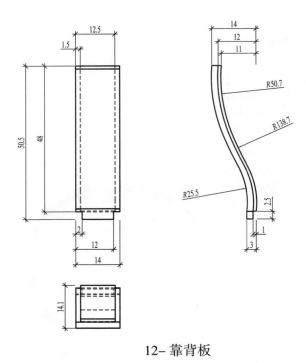

12- 靠背板

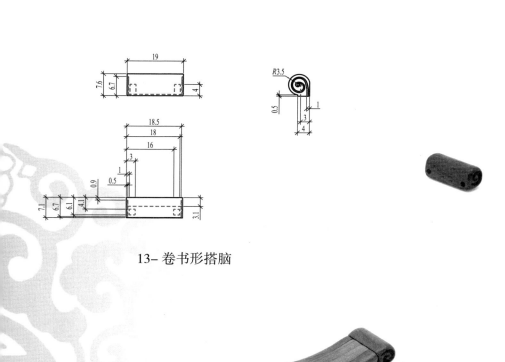

13- 卷书形搭脑

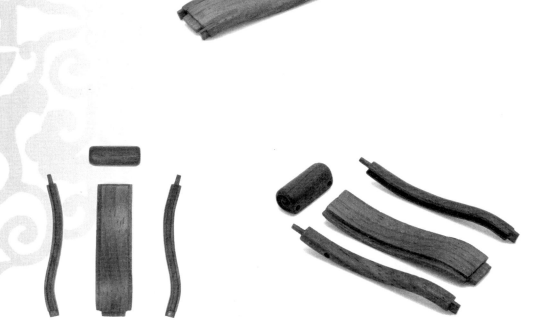

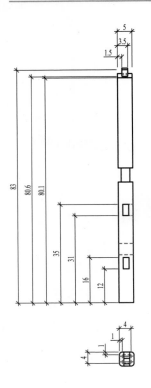
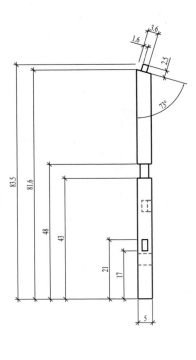

14- 后腿—左

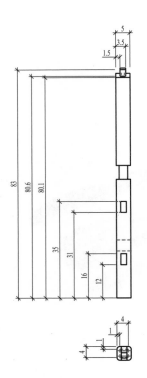
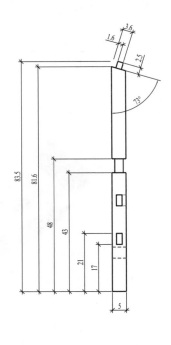

14- 后腿—右

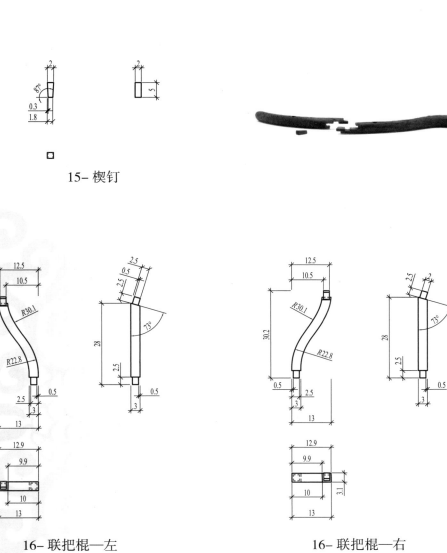

15- 楔钉

16- 联把棍—左　　　　　　16- 联把棍—右

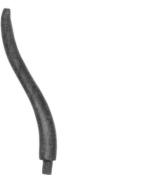

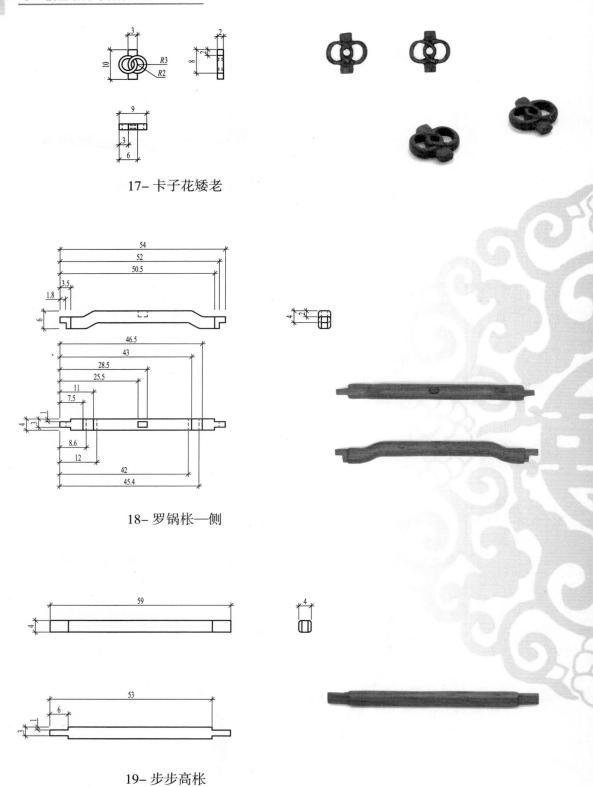

17– 卡子花矮老

18– 罗锅枨—侧

19– 步步高枨

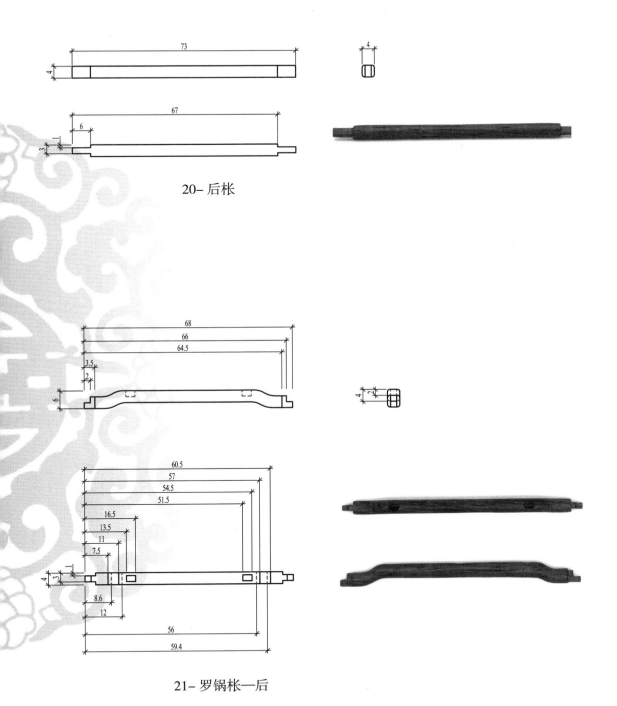

20- 后枨

21- 罗锅枨—后

第5章 官帽椅系列

5.1 扇形官帽椅

椅子座面前大后小成扇形，因而又称扇面官帽椅。椅子下大上小，四根柱脚逐渐向上收拢，形成梯形立方，以增强椅子的稳固感，券口牙条的曲线与柱脚直线形成内柔外刚的动静对比，前后左右牙条杠出的"开光"和扶手靠背划分的长短漏空视觉变幻，鹅脖抑扬与联帮俯曲，以及背板的镂空形成的优美化，搭脑的弧度则向后凸，与大边的方向相反。座面下三面安"洼堂肚"券口牙子，有脚踏枨。

◇ 5.1.1 扇形官帽椅尺寸图 ◇

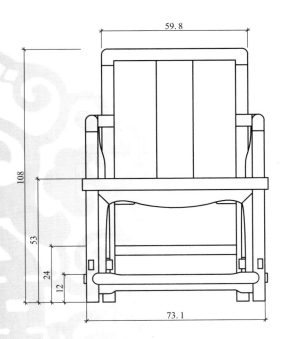

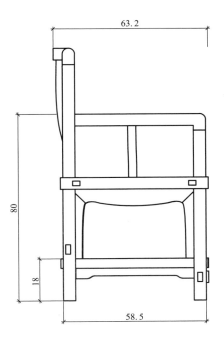

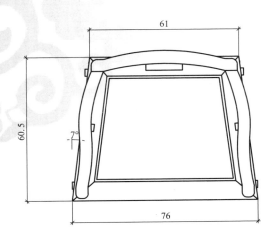

5.1.2 扇形官帽椅下料单

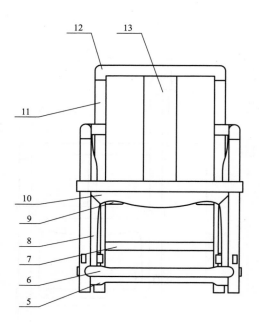

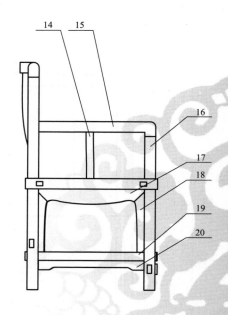

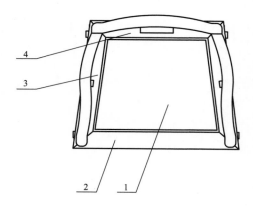

下料单			
序号	名称	数量	尺寸
1	座面	1	60.9×47.5×3.5
2	大边—前	1	75.9×8×5
3	抹头—左右	2	61×8×5
4	大边—后	1	64.9×8×5
5	脚踏牙条	1	66.1×5×2
6	脚踏	1	75.1×6×5
7	后枨	1	61.8×4×4
8	正券口侧牙条	2	37.5×6×2
9	后鱼肚牙子	1	52.8×7.5×2
10	正券口正牙子	1	66.1×9×2
11	后腿—左右	2	105×5×5
12	搭脑	1	59.8×8.7×7
13	靠背板	2	55×15×7.3
14	联把棍	2	26.5×5.4×3
15	扶手—左右	2	56×11.7×7
16	前腿—左右	2	97×5×5
17	侧券口牙子	2	51.9×8.7×2
18	侧券口侧牙子	4	31.5×6×2
19	侧枨	2	60.6×4×4
20	侧枨下牙条	2	51.5×5×2

5.1.3　扇形官帽椅爆炸图

5.1.4 扇形官帽椅零件图

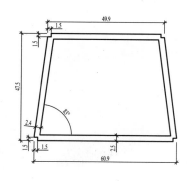

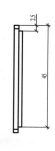

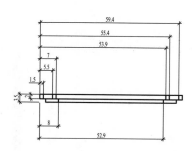

1- 座面

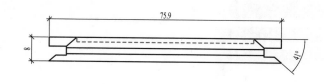

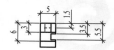

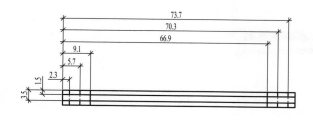

2- 大边一前

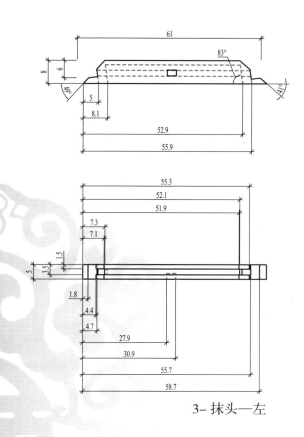

3- 抹头一左

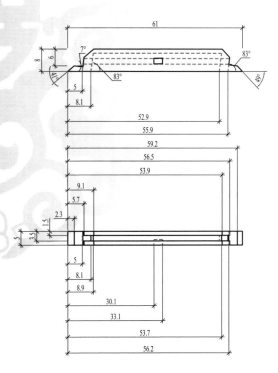

3- 抹头一右

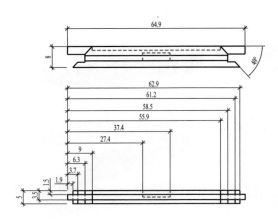

4- 大边一后

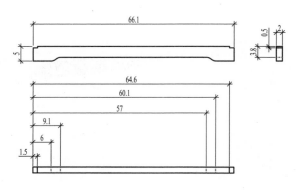

5- 脚踏牙条

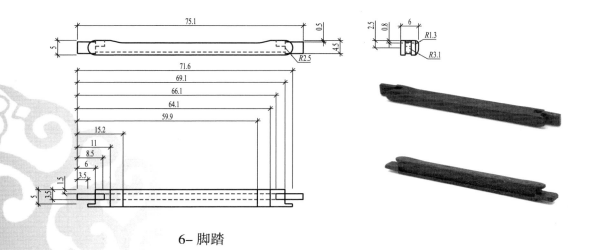

6- 脚踏

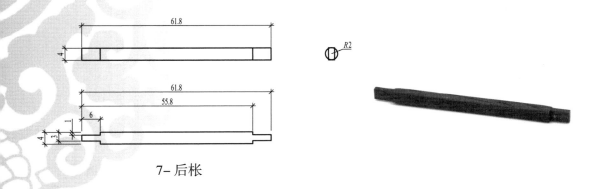

7- 后枨

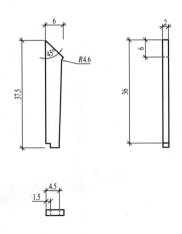

8- 正券口侧牙条

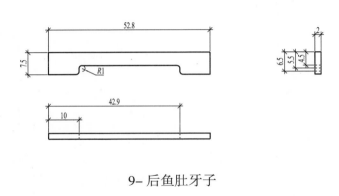

9- 后鱼肚牙子

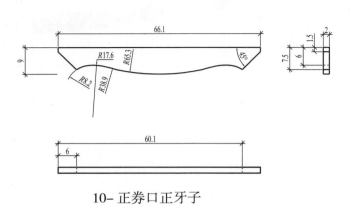

10- 正券口正牙子

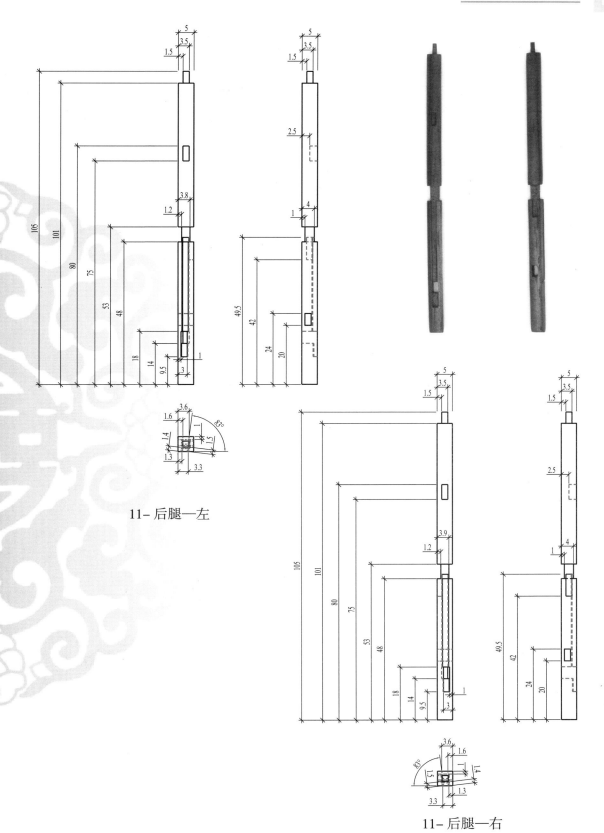

11– 后腿—左

11– 后腿—右

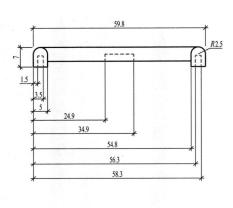

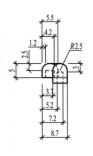

12- 搭脑

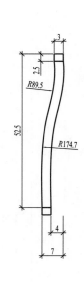

13- 靠背板

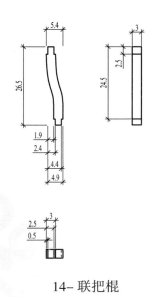

14- 联把棍

15- 扶手—左

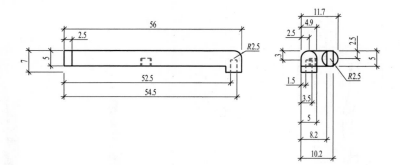

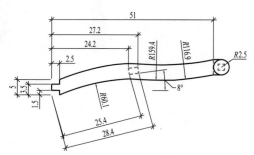

15- 扶手—右

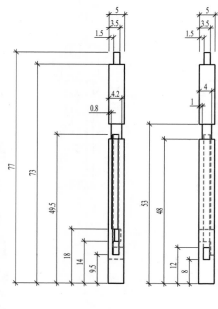

16- 前腿—左

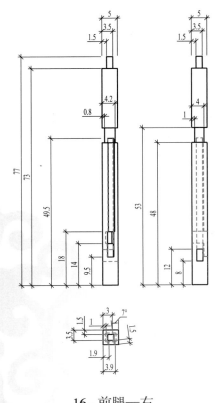

16- 前腿—右

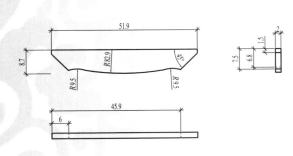

17- 侧券口正牙子

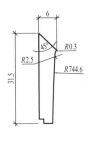

18- 侧券口侧牙子

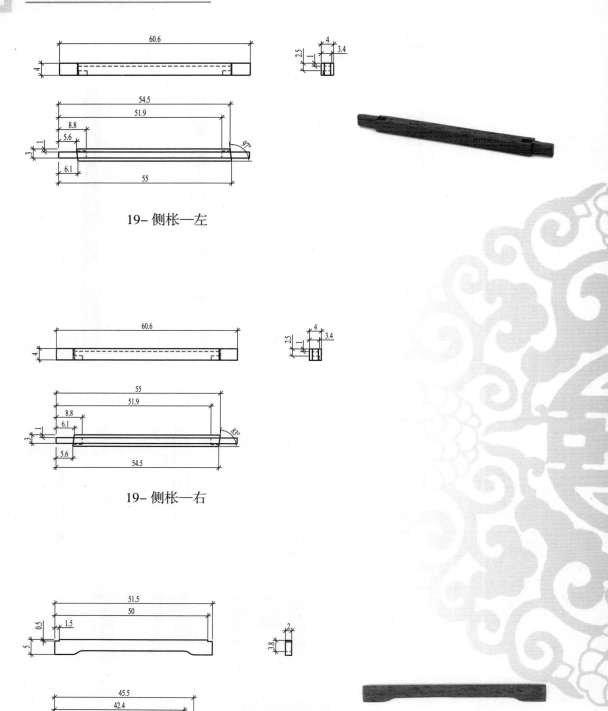

19- 侧枨—左

19- 侧枨—右

20- 侧枨下牙条

5.2　四出头官帽椅

　　四出头官帽椅最大的特点是搭脑扶手均倒圆角出头挑出，搭脑造型如明代官帽因而称其为官帽椅，椅四腿贯穿椅盘，前开光做壶门券口，有脚踏枨配牙子，两侧及后方均为牙子装饰并支撑。

◇ 5.2.1　四出头官帽椅尺寸图 ◇

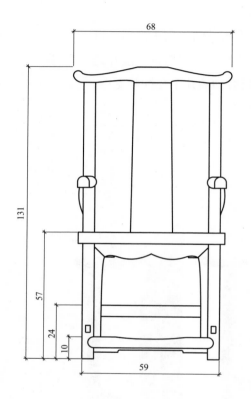

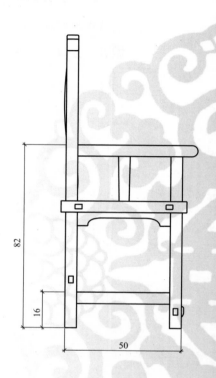

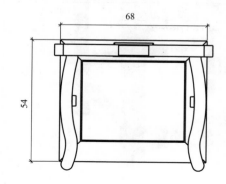

5.2.2　四出头官帽椅下料单

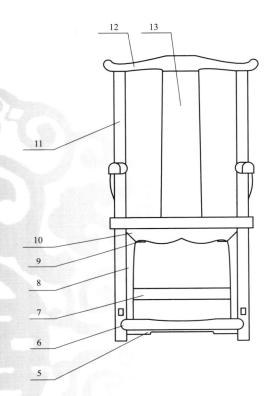

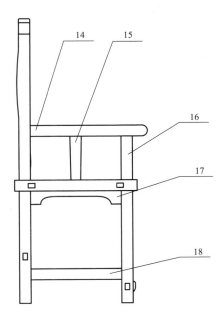

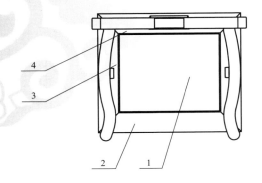

下料单			
序号	名称	数量	尺寸
1	座面	1	48 × 39 × 3.5
2	大边一前	1	63 × 8 × 5
3	抹头一左右	2	52 × 8 × 5
4	大边一后	1	63 × 8 × 5
5	脚踏牙子	1	52 × 3.5 × 2
6	脚踏	1	59 × 6 × 5
7	后枨	1	59 × 5 × 3
8	壸门券口侧牙条	1	44 × 6 × 2
9	后鱼肚牙子	1	52 × 7.5 × 2
10	壸门券口牙子	1	52 × 8.4 × 2
11	后腿一左右	2	118 × 5 × 5
12	搭脑	1	68 × 7 × 5
13	靠背板	2	72.5 × 18 × 6
14	扶手一左右	2	47.5 × 8 × 7.3
15	联把棍	2	25 × 7.1 × 6.9
16	前腿一左右	2	77 × 5 × 5
17	侧鱼肚牙子	2	43 × 7.5 × 2
18	步步高枨	2	50 × 5 × 3

◇ 5.2.3　四出头官帽椅爆炸图 ◇

5.2.4　四出头官帽椅零件图

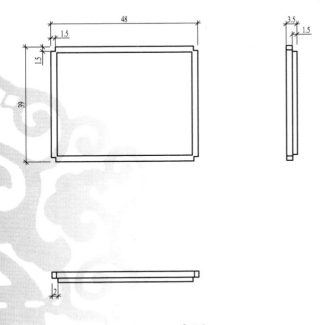

1- 座面

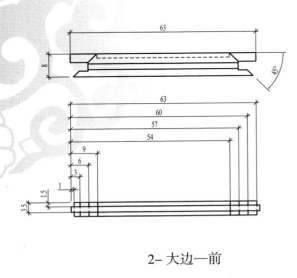

2- 大边—前

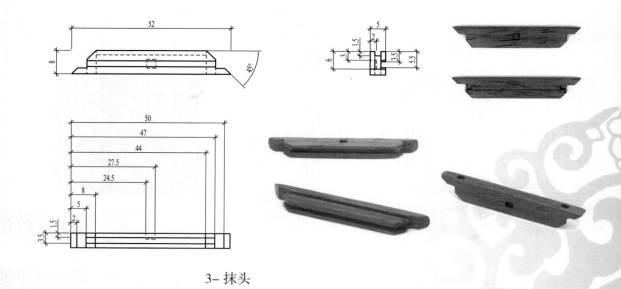

3- 抹头

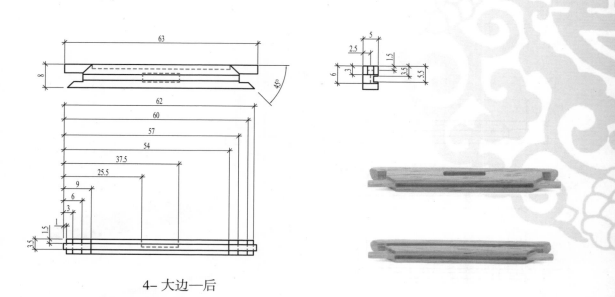

4- 大边一后

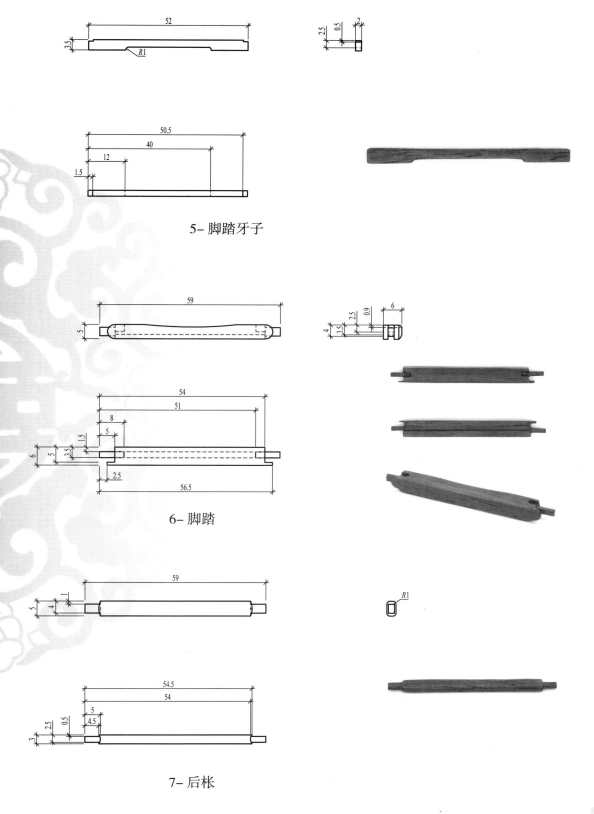

5- 脚踏牙子

6- 脚踏

7- 后枨

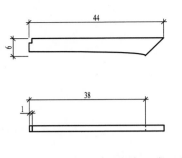
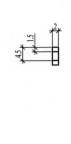

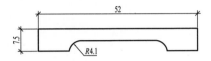

8- 壶门券口侧牙条

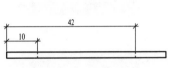

9- 后鱼肚牙子

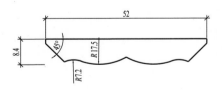
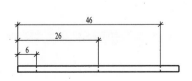

10- 壶门券口牙子

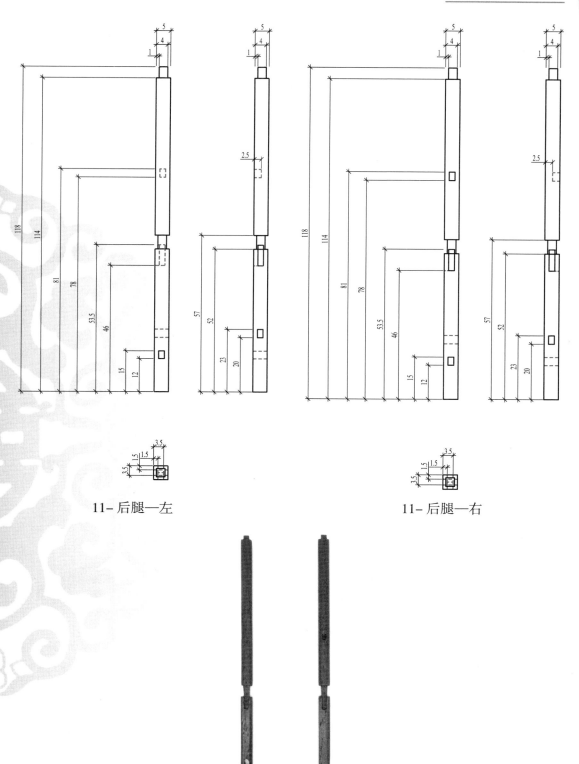

11-后腿—左

11-后腿—右

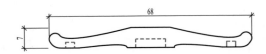

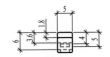

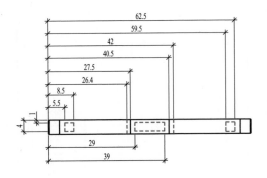

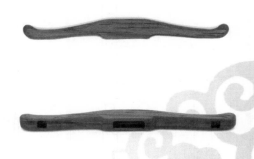

12- 搭脑

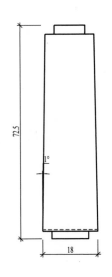

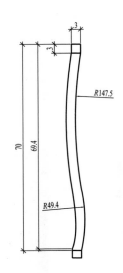

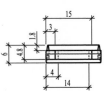

13- 靠背板

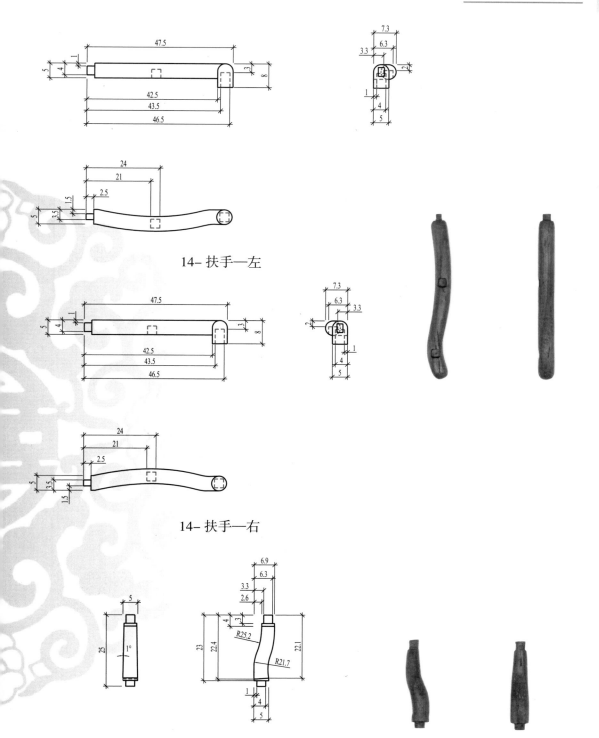

14- 扶手—左

14- 扶手—右

15- 联把棍

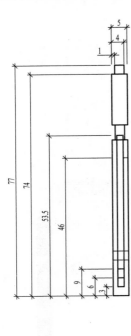
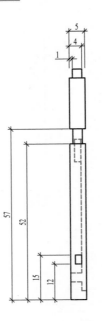
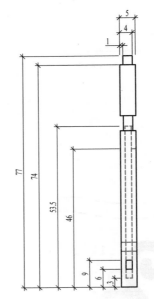
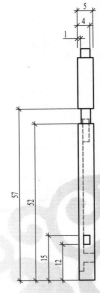

16- 前腿—左

16- 前腿—右

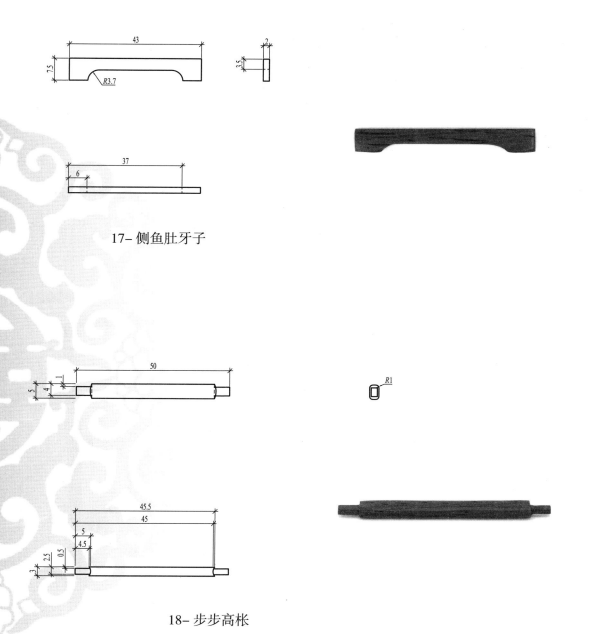

17– 侧鱼肚牙子

18– 步步高枨

5.3 直搭脑四出头官帽椅

此椅搭脑、扶手为直线形并成圆材，联把棍也不同其它 S 形弯材，是呈现上细下粗的直杆，后腿上方略向后仰，背板与其弯曲弧线配合，前腿略向前仰为其独特造型，椅盘下方有矮老接罗锅枨，做步步高枨造型，前方为脚踏配牙子。

5.3.1　直搭脑四出头官帽椅尺寸图

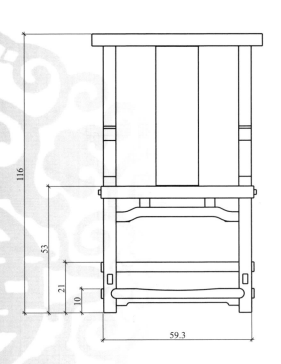

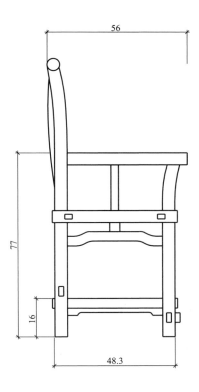

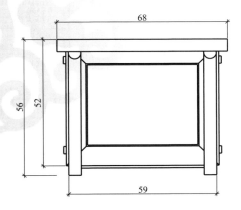

5.3.2 直搭脑四出头官帽椅下料单

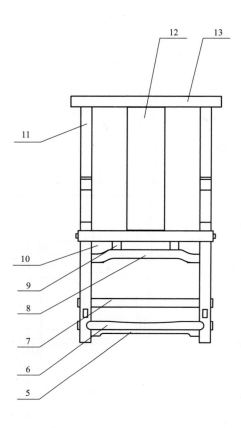

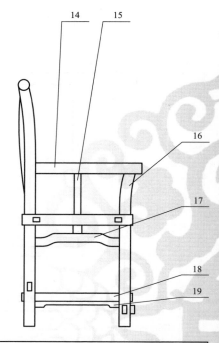

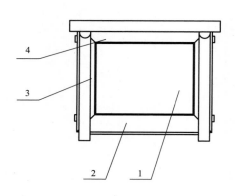

下料单			
序号	名称	数量	尺寸
1	座面	1	$48 \times 37 \times 3.5$
2	大边—前	1	$63 \times 8 \times 5$
3	抹头—左右	2	$50 \times 8 \times 5$
4	大边—后	1	$63 \times 8 \times 5$
5	脚踏牙子	1	$52 \times 4.5 \times 2$
6	脚踏	1	$61 \times 7 \times 4$
7	后枨	1	$61 \times 4 \times 4$
8	罗锅枨—前	1	$52 \times 6 \times 4$
9	矮老	4	$8 \times 4 \times 4$
10	后牙条	1	$52 \times 11.5 \times 2$
11	后腿—左右	2	$114 \times 8 \times 5$
12	靠背板	1	$63 \times 17 \times 7.1$
13	搭脑	1	$68 \times 5 \times 5$
14	扶手—左右	2	$50.5 \times 5 \times 5$
15	联把棍	2	$23 \times 3 \times 3$
16	前腿—左右	2	$75 \times 7 \times 5$
17	罗锅枨—侧	2	$41 \times 6 \times 4$
18	侧横枨	2	$50 \times 4 \times 4$
19	侧横枨牙子	2	$41 \times 4.5 \times 2$

5.3.3　直搭脑四出头官帽椅爆炸图

5.3.4　直搭脑四出头官帽椅零件图

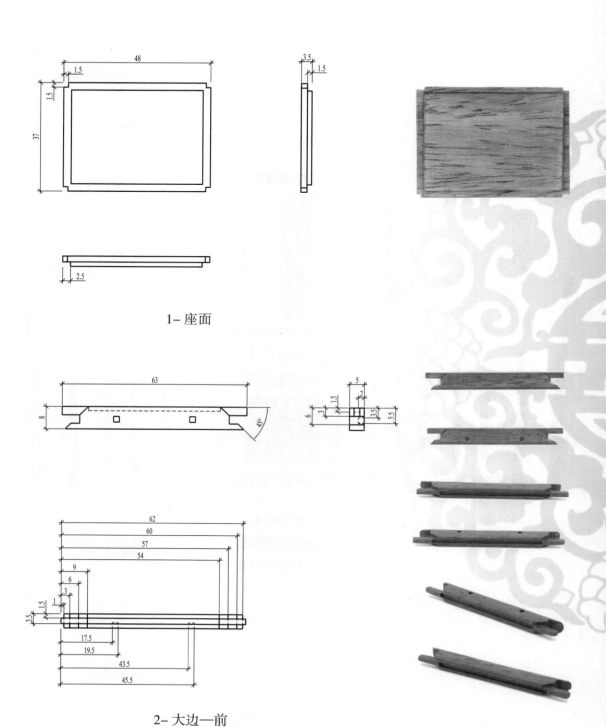

1- 座面

2- 大边一前

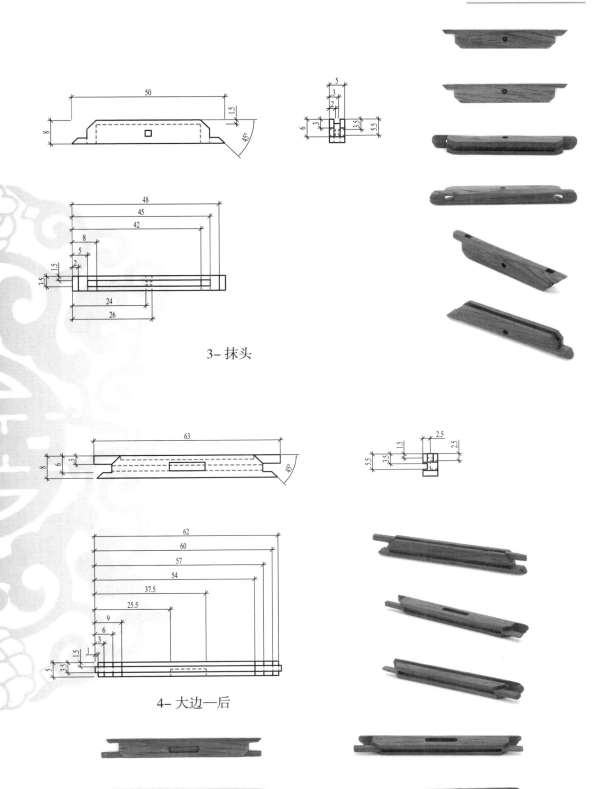

3- 抹头

4- 大边一后

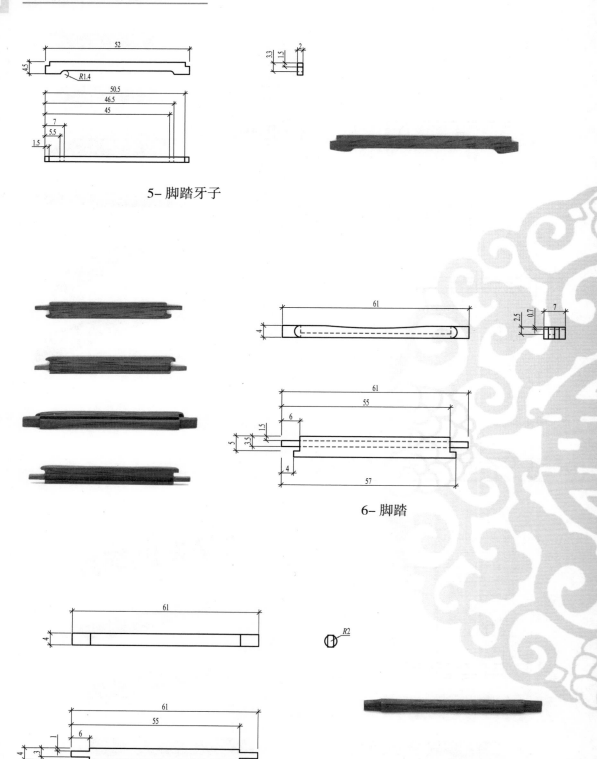

5– 脚踏牙子

6– 脚踏

7– 后枨

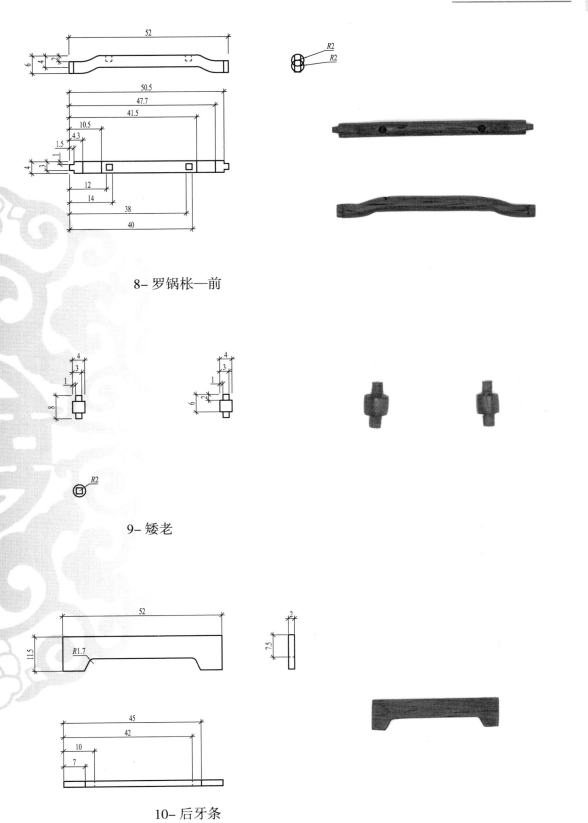

8- 罗锅枨—前

9- 矮老

10- 后牙条

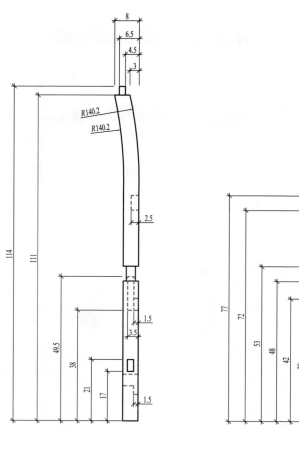
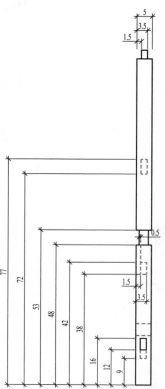

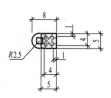

11- 后腿—左

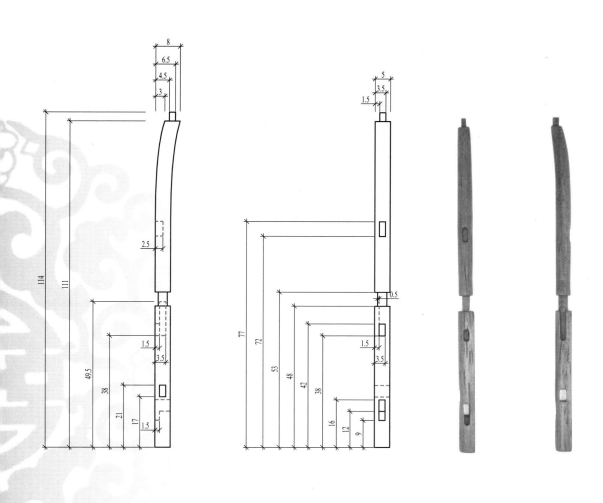

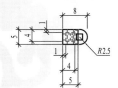

11– 后腿—右

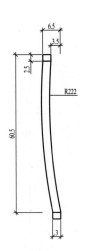

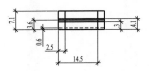

12- 靠背板

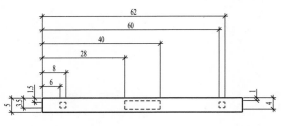

13- 搭脑

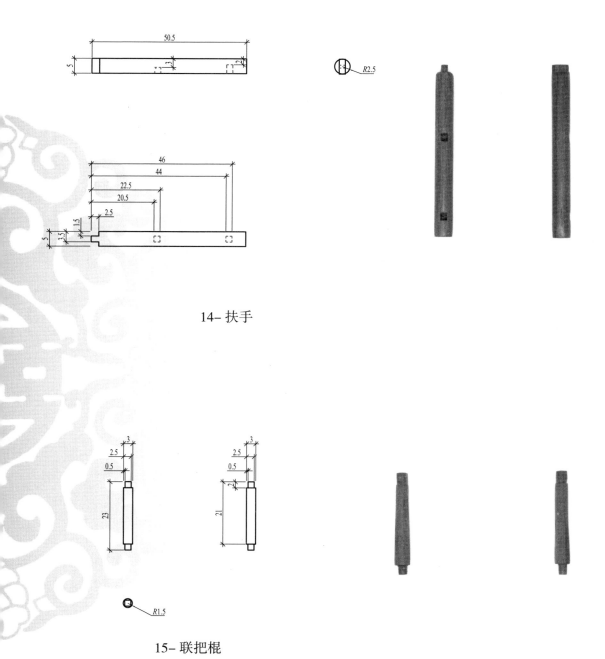

14- 扶手

15- 联把棍

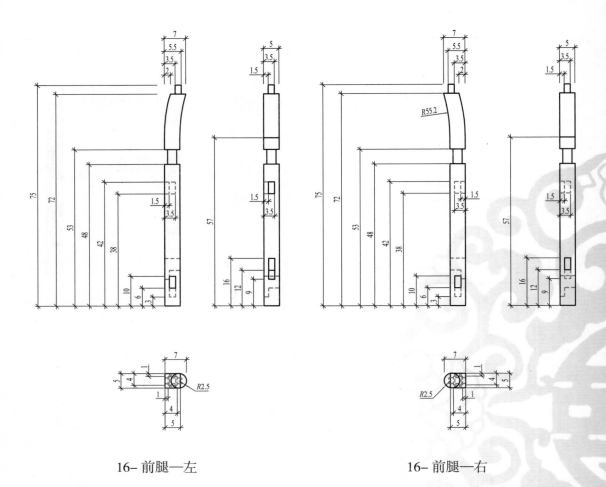

16- 前腿—左   16- 前腿—右

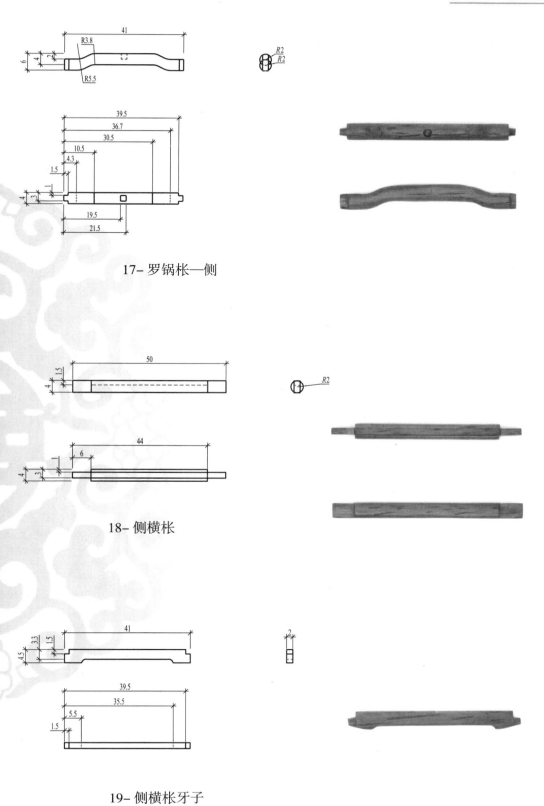

17- 罗锅枨—侧

18- 侧横枨

19- 侧横枨牙子

第6章　南官帽椅系列

6.1　南官帽椅

在宋元期间的画作上，可见到这种类型的椅子，以其搭脑扶手不出头并以用烟袋锅榫结合，有联把棍，四腿与椅盘贯穿，下方配步步高枨及脚踏。

◇ 6.1.1 南官帽椅尺寸图 ◇

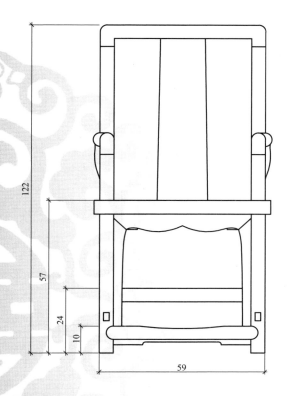

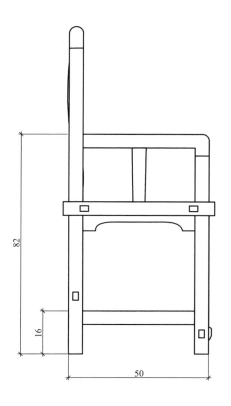

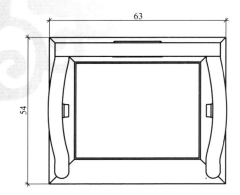

6.1.2　南官帽椅下料单

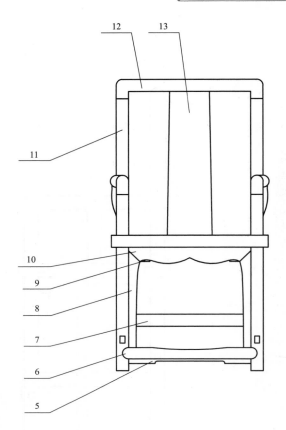

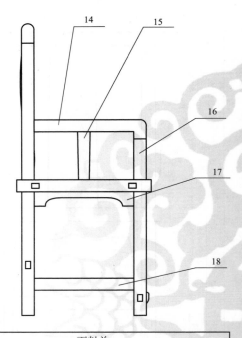

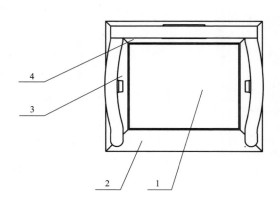

下料单			
序号	名称	数量	尺寸
1	座面	1	48 × 39 × 3.5
2	大边—前	1	63 × 9 × 5
3	抹头—左右	2	54 × 9 × 5
4	大边—后	1	63 × 9 × 5
5	脚踏牙子	1	52 × 3.5 × 2
6	脚踏	1	59 × 6 × 5
7	后枨	1	59 × 5 × 3
8	壶门券口侧牙条	2	44 × 6 × 2
9	后鱼肚牙子	1	52 × 7.5 × 2
10	壶门券口牙子	1	52 × 8.4 × 2
11	后腿—左右	2	114 × 5 × 5
12	搭脑	1	59 × 8 × 5
13	靠背板	1	65.5 × 18 × 5.7
14	扶手—左右	2	47.5 × 8 × 7.3
15	联把棍	2	25 × 7.1 × 5
16	前腿—左右	2	77 × 5 × 5
17	侧鱼肚牙子	2	43 × 7.5 × 2
18	步步高枨	2	50 × 5 × 3

◇ 6.1.3 南官帽椅爆炸图 ◇

6.1.4 南官帽椅零件图

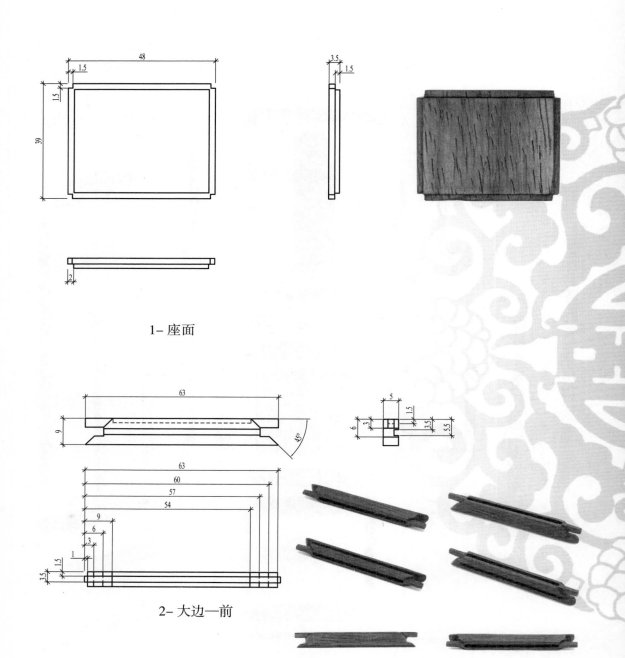

1- 座面

2- 大边一前

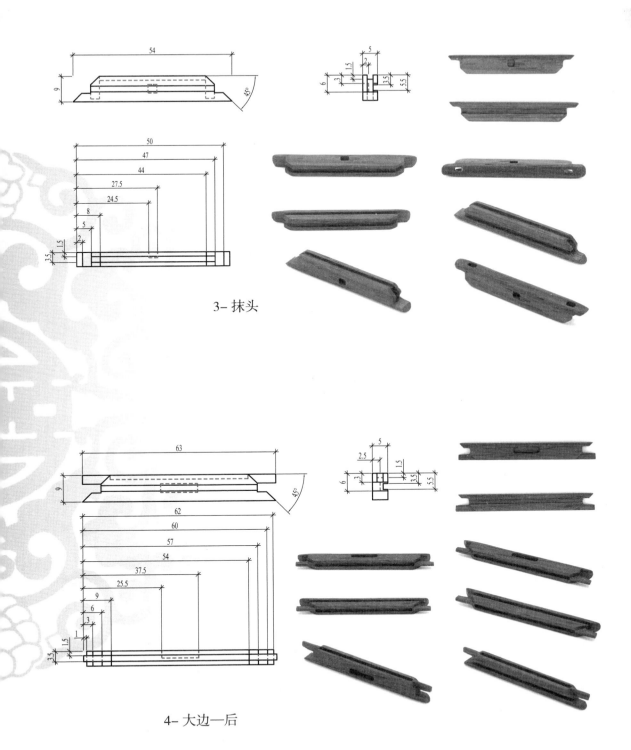

3- 抹头

4- 大边一后

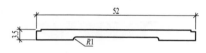

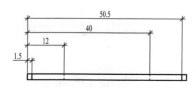

5- 脚踏牙子

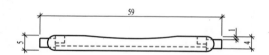

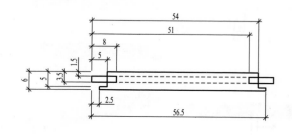

6- 脚踏

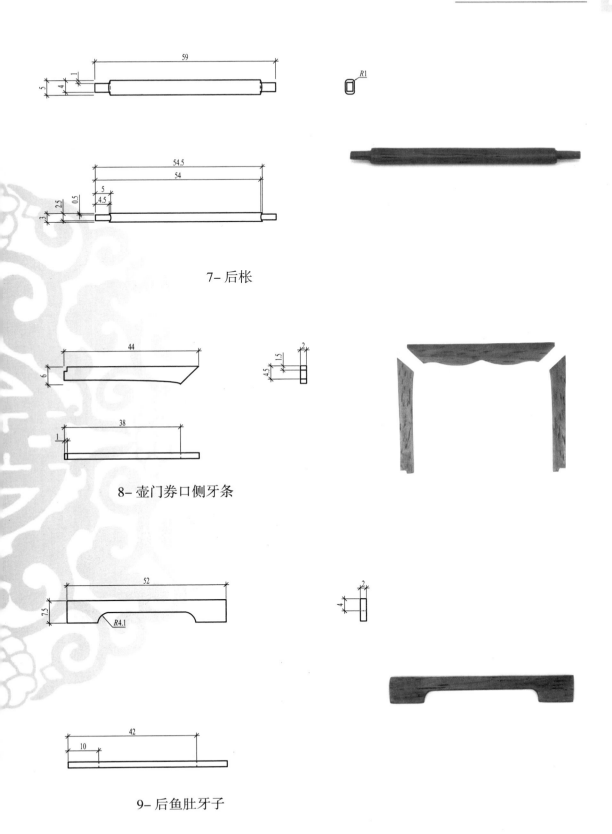

7- 后枨

8- 壶门券口侧牙条

9- 后鱼肚牙子

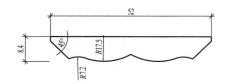

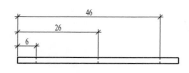

10– 壶门券口牙子

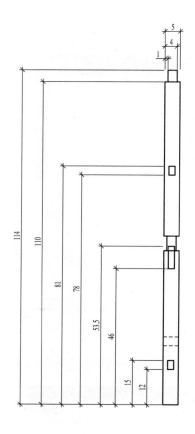

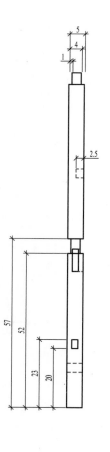

11– 后腿—左

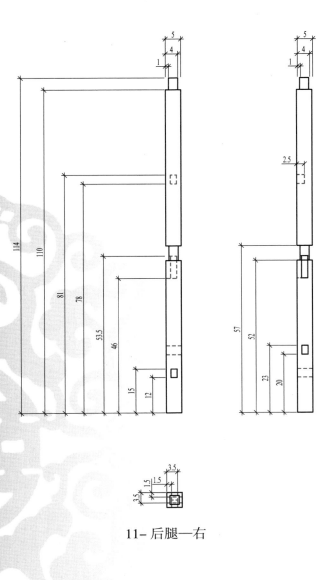

11- 后腿一右

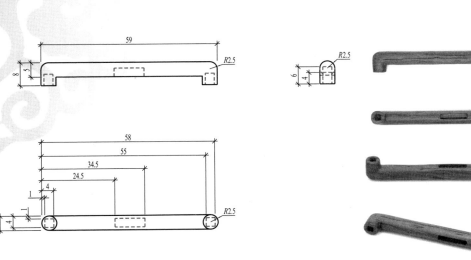

12- 搭脑

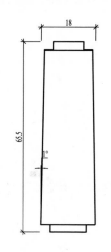

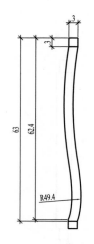

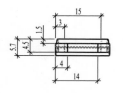

13- 靠背板

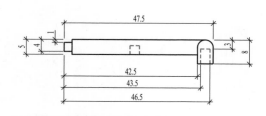

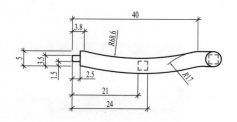

14- 扶手—左

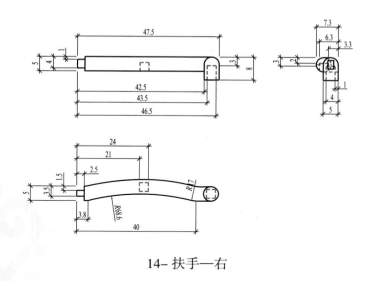

14– 扶手—右

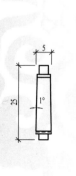

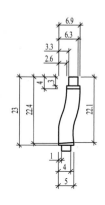

15– 联把棍

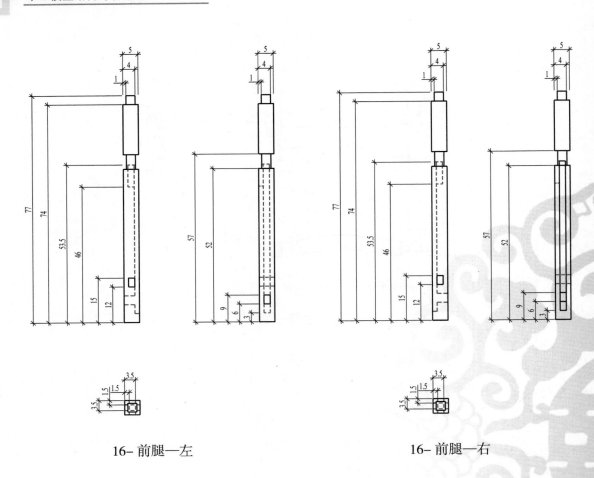

16- 前腿—左   16- 前腿—右

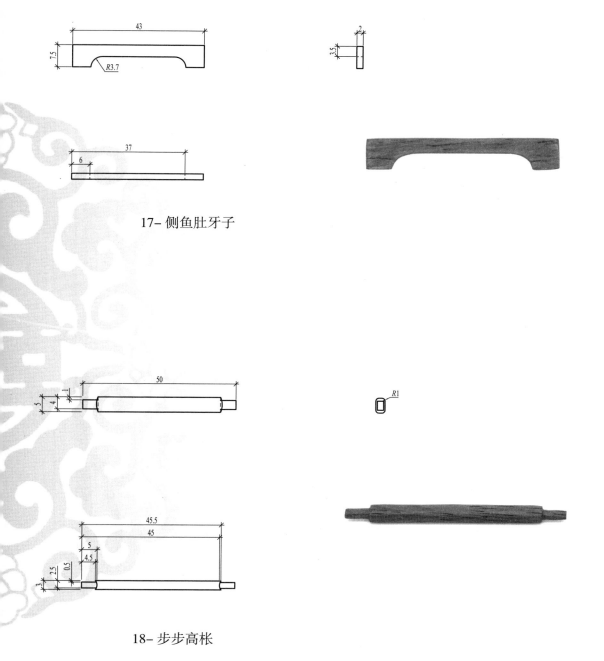

17- 侧鱼肚牙子

18- 步步高枨

6.2 矮南官帽椅

矮南官帽椅的特点是搭脑为向后凸出的弧形，扶手由后向前先外后内弯成S形，有联把棍和鹅脖，前腿长短榫与椅盘结合，下方四面牙子围成券口，前后枨低于中间枨。整体相较南官帽椅来讲座面宽大且整体高度矮，故称矮南官帽椅。

6.2.1 矮南官帽椅尺寸图

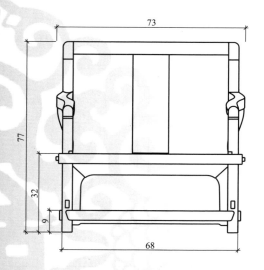

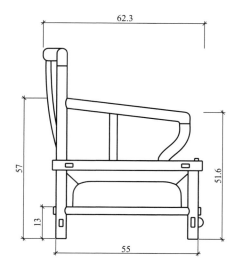

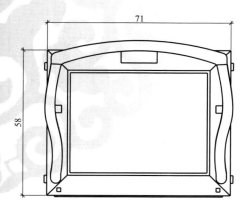

6.2.2　矮南官帽椅下料单

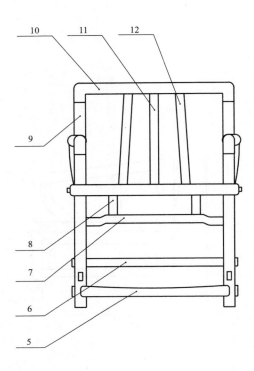

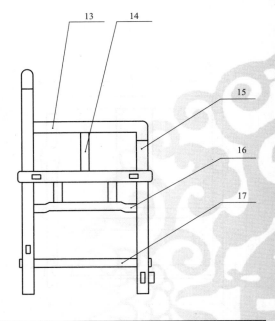

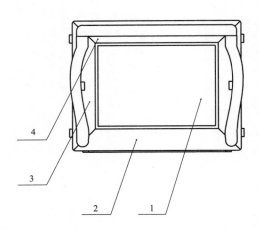

下料单			
序号	名称	数量	尺寸
1	座面板	1	$58 \times 45 \times 2.8$
2	大边—前	1	$73 \times 8 \times 4$
3	抹头—左右	2	$58 \times 8 \times 4$
4	大边—后	1	$73 \times 8 \times 4$
5	脚踏牙条	1	$62 \times 2.5 \times 1.5$
6	脚踏	1	$70 \times 6 \times 4$
7	正面券口侧牙条	4	$20.5 \times 5.8 \times 1.5$
8	正面券口正牙子	2	$62 \times 7.2 \times 1.5$
9	后腿—左右	2	$74 \times 4 \times 4$
10	搭脑	1	$68 \times 9.3 \times 7$
11	靠背板	1	$44.5 \times 14 \times 7.8$
12	后枨	1	$70 \times 3 \times 3$
13	联把棍—左右	2	$23 \times 6.2 \times 3$
14	扶手—左右	1	$50.9 \times 6.9 \times 4.8$
15	鹅脖	2	$20 \times 12.2 \times 4$
16	侧面券口正牙子	2	$49 \times 7.2 \times 1.5$
17	侧面券口侧牙条	4	$16.3 \times 5.7 \times 1.5$
18	前腿—左右	2	$29.8 \times 4 \times 4$
19	侧直枨	2	$57 \times 3 \times 3$

◇ 6.2.3 矮南官帽椅爆炸图 ◇

6.2.4 矮南官帽椅零件图

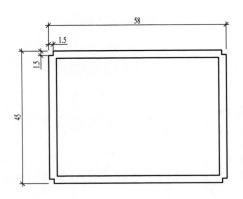

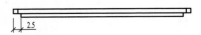

1– 座面板

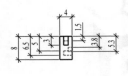

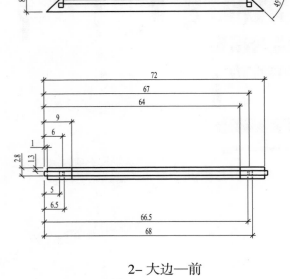

2– 大边—前

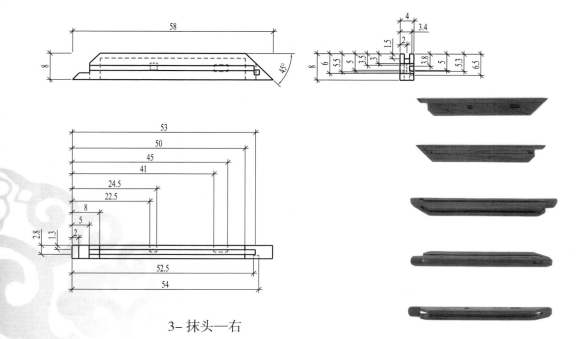

3- 抹头—右

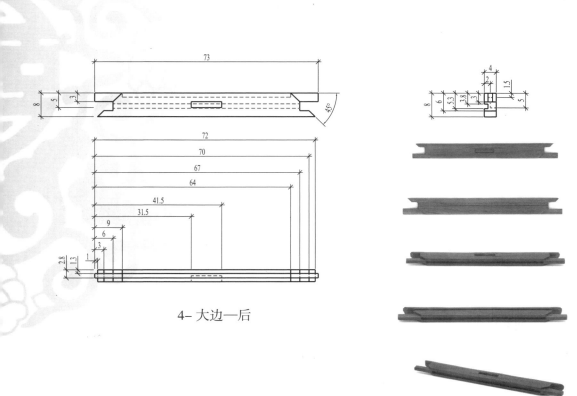

4- 大边—后

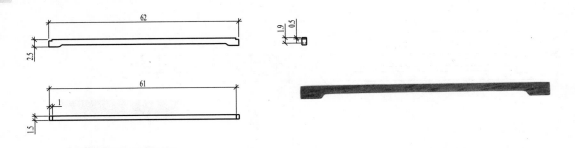

5- 脚踏牙条

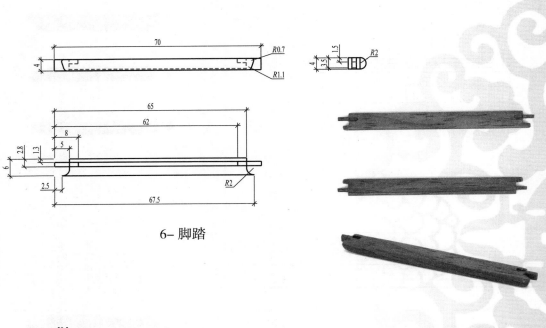

6- 脚踏

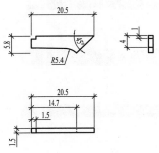

7- 正面券口侧牙条

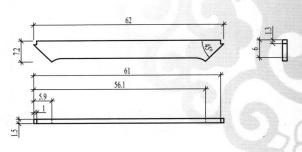

8- 正面券口正牙子

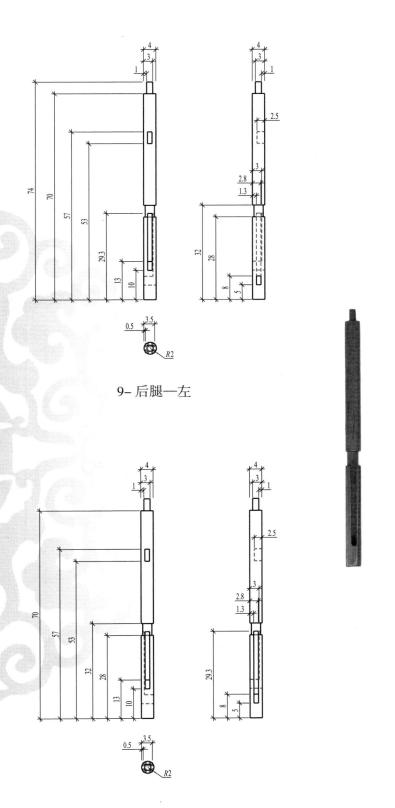

9- 后腿—左

9- 后腿—右

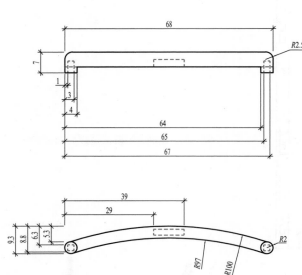

10- 搭脑

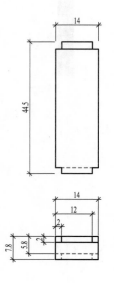
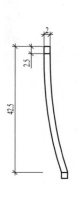

11- 靠背板

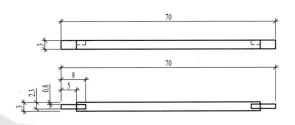

12- 后枨

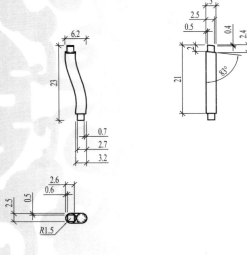

13- 联把棍—左

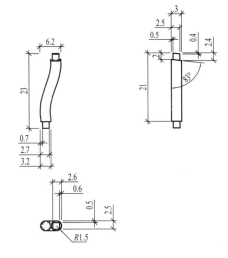

13- 联把棍—右

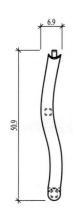
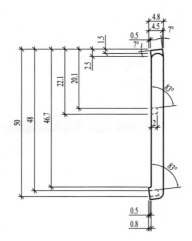

14- 扶手—左

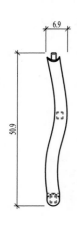
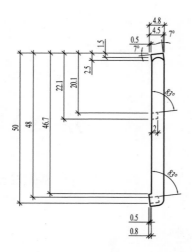

14- 扶手—右

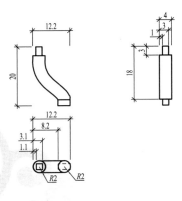

15- 鹅脖

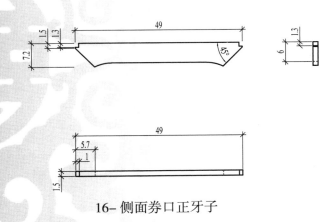
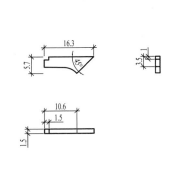

16- 侧面券口正牙子　　　　　　17- 侧面券口侧牙条

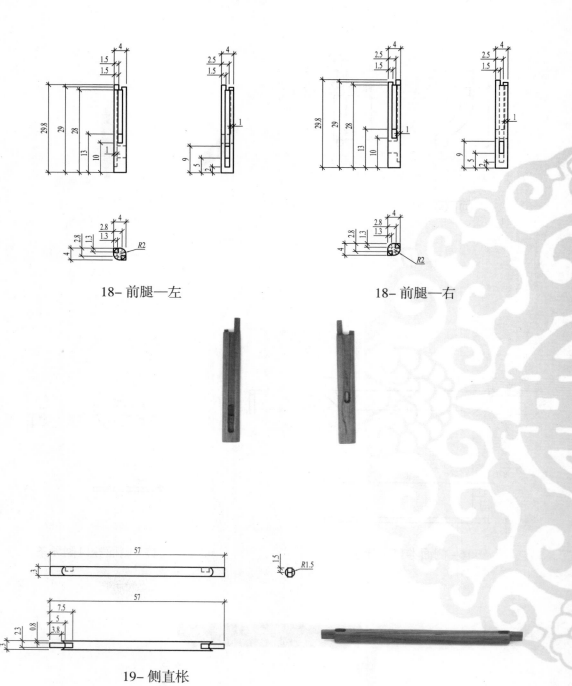

18- 前腿—左

18- 前腿—右

19- 侧直枨

6.3 缩手式南官帽椅

由于有鹅脖与扶手作支撑，故称缩手式南官帽椅，其特点还有扶手下方不设有联把棍，前腿长短榫与椅盘结合，后腿做贯穿椅盘结合，搭脑特点为罗锅枨形式，两边矮，中间向上突出，下方前面做牙子围成券口，下有脚踏配牙子。

6.3.1 缩手式南官帽椅尺寸图

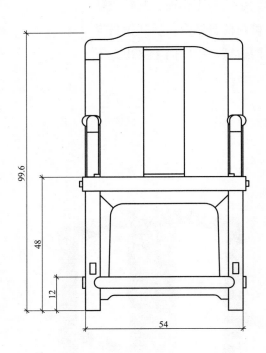

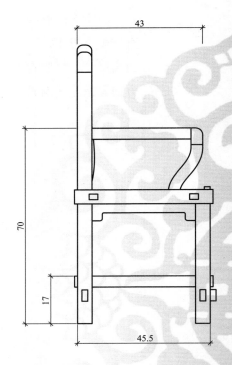

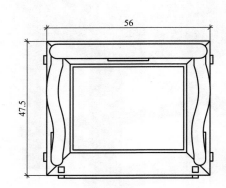

6.3.2　缩手式南官帽椅下料单

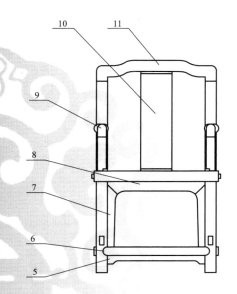

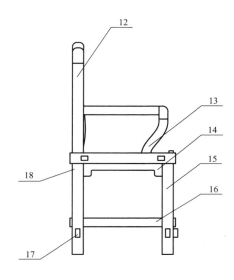

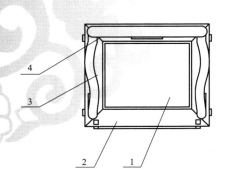

下料单			
序号	名称	数量	尺寸
1	座面	1	43 × 34.5 × 3.5
2	大边一前	1	58 × 8 × 5
3	抹头一左右	2	47.5 × 8 × 5
4	大边一后	1	58 × 8 × 5
5	脚踏牙子	1	47 × 4.5 × 2
6	脚踏	1	56 × 6.5 × 4
7	正券口侧牙条	2	33 × 6 × 2
8	正券口正牙条	6	47 × 7.5 × 2
9	扶手一左右	2	40.5 × 6.4 × 6
10	靠背板	1	51.5 × 14 × 5
11	搭脑	1	54 × 9.7 × 5
12	后腿一左右	2	94 × 5 × 5
13	鹅脖	2	22.5 × 11.7 × 4
14	侧鱼肚牙子	2	38.5 × 7.5 × 2
15	前腿一左右	2	49 × 5 × 5
16	侧枨	2	47.5 × 4 × 4
17	后枨	1	56 × 4 × 4
18	后鱼肚牙子	1	47 × 7.5 × 2

6.3.3　缩手式南官帽椅爆炸图

6.3.4 缩手式南官帽椅零件图

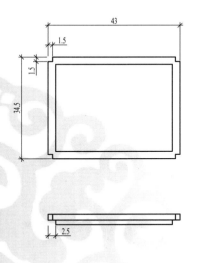

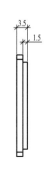

1– 座面

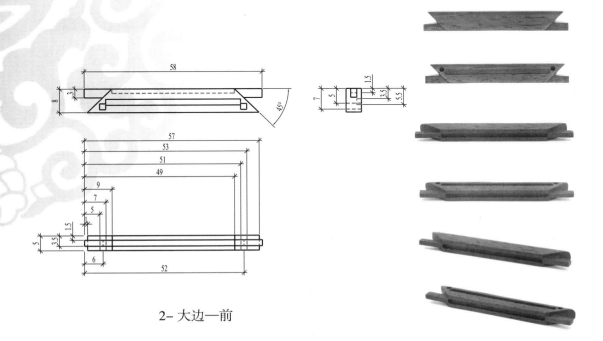

2– 大边—前

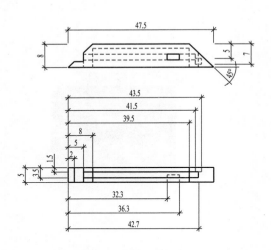

3- 抹头—左

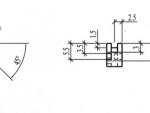

3- 抹头—右

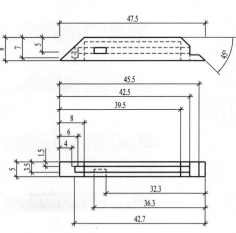

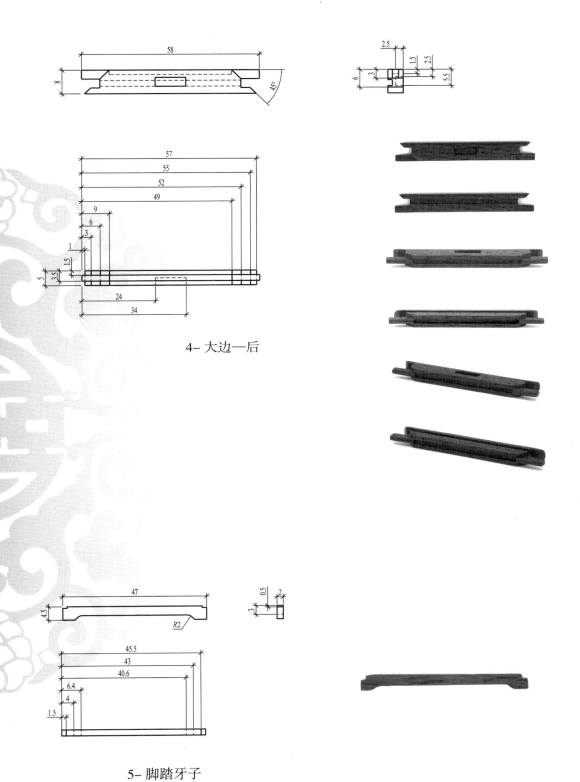

4– 大边—后

5– 脚踏牙子

6- 脚踏

7- 正券口侧牙条　　　　　　　　8- 正券口正牙条

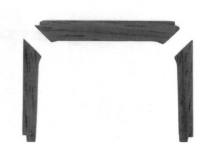

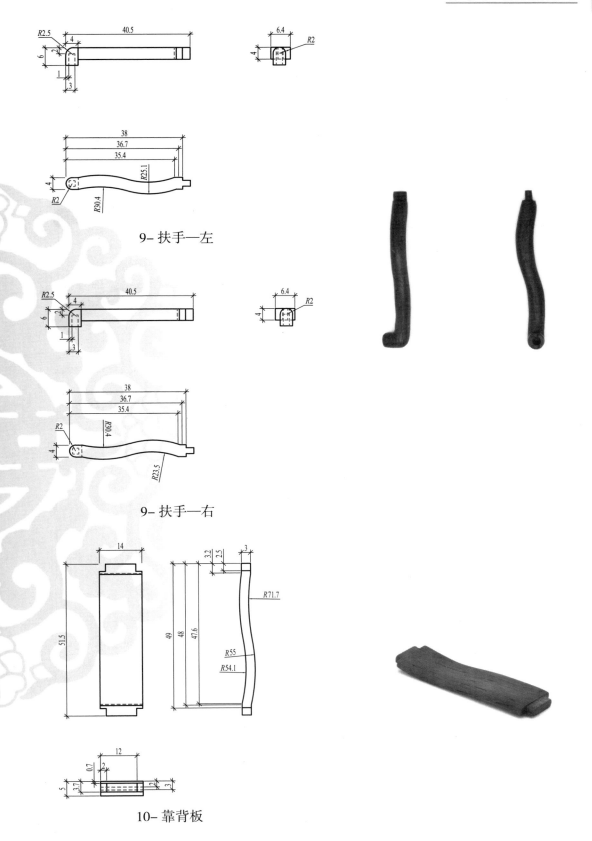

9- 扶手—左

9- 扶手—右

10- 靠背板

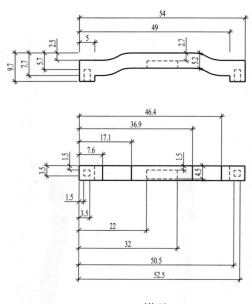

11- 搭脑

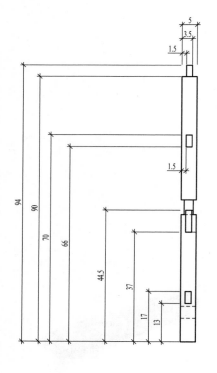

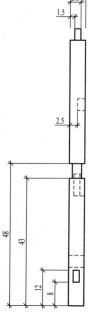

12- 后腿—左

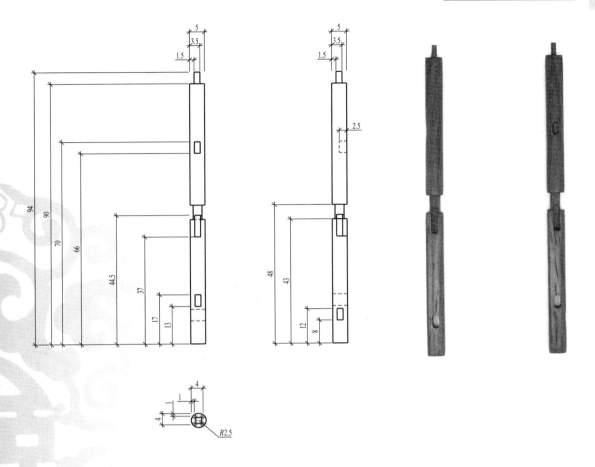

12- 后腿—右

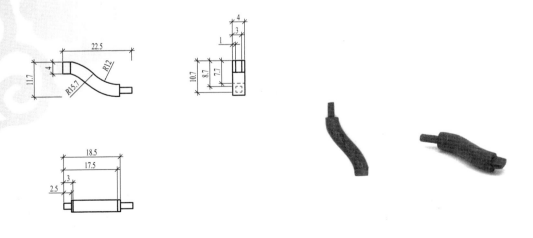

13- 鹅脖

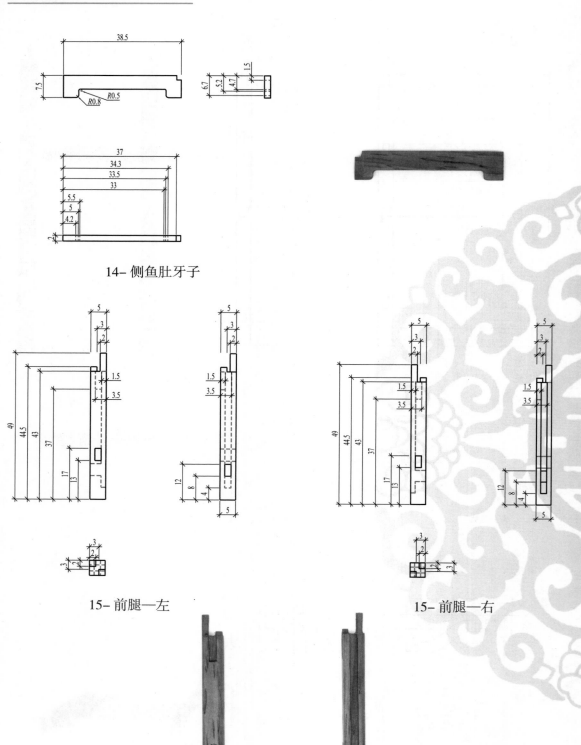

14- 侧鱼肚牙子

15- 前腿—左

15- 前腿—右

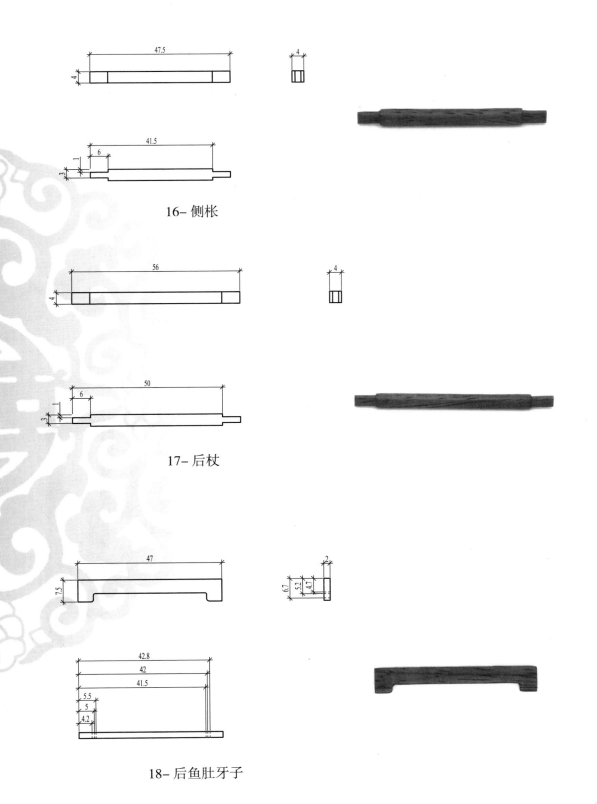

16- 侧枨

17- 后杖

18- 后鱼肚牙子

6.4 矮靠背南官帽椅

矮靠背南官帽椅外形接近玫瑰椅，但靠背、扶手不与椅盘垂直，视为矮形南官帽椅的一种，靠背也不做素板，而是三根直枨，一根垂直两根向中部倾斜，扶手弯曲向前与前腿挖烟袋锅榫相接，有联把棍支撑，椅盘下方四面做罗锅枨，立矮老与座面下方接合，椅子底部配步步高枨，前方为半包腿脚踏。

6.4.1 矮靠背南官帽椅尺寸图

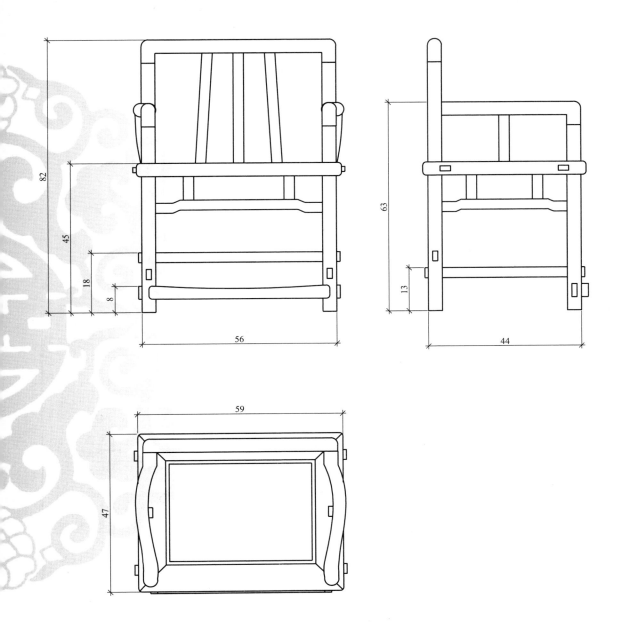

6.4.2 矮靠背南官帽椅下料单

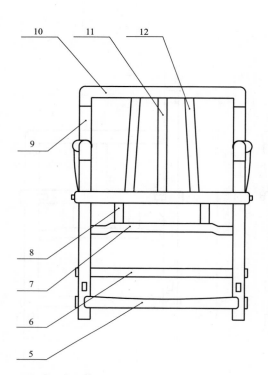

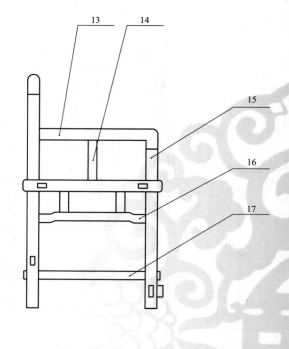

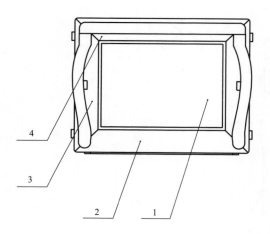

下料单			
序号	名称	数量	尺寸
1	座面	1	46×34×2.7
2	大边—前	1	61×8×4
3	抹头—左右	2	47×8×4
4	大边—后	1	61×8×4
5	脚踏	1	58×6×4
6	后枨	1	58×3×3
7	罗锅枨—前后	2	53.5×3.9×3
8	矮老	8	11.3×3×3
9	后腿—左右	2	79×4×4
10	搭脑	1	56×7×4
11	靠背枨—中	1	37×3×3
12	靠背枨—左右侧	2	37×5×3
13	扶手—左右	2	42×7×6.4
14	联把棍	2	18×4.5×3
15	前腿—左右	2	60×4×4
16	罗锅枨—侧	2	41.5×3.7×3
17	步步高枨	2	46×3×3

6.4.3 矮靠背南官帽椅爆炸图

6.4.4 矮靠背南官帽椅零件图

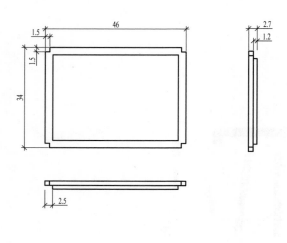

1- 座面

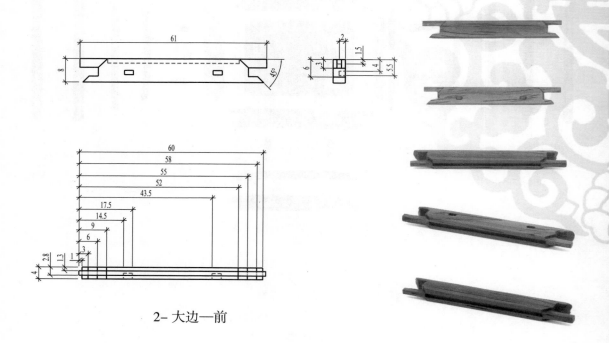

2- 大边一前

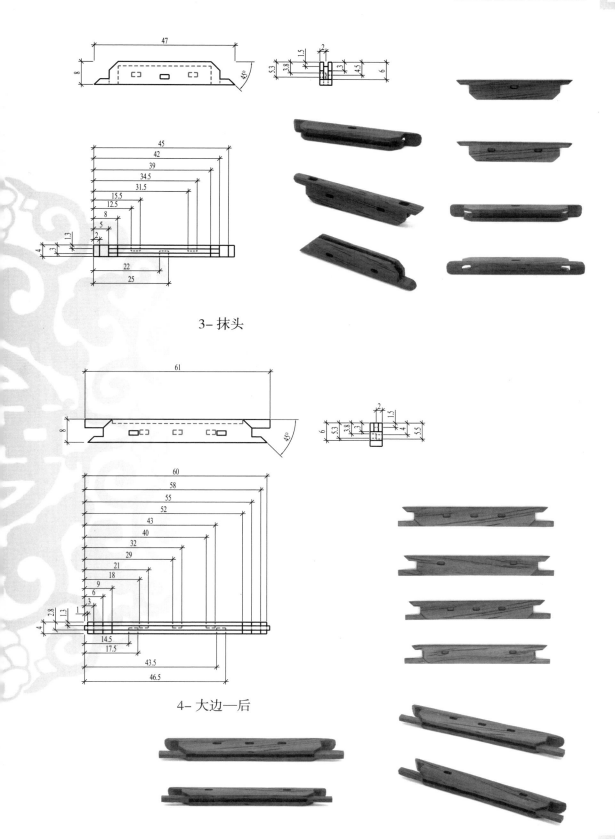

3- 抹头

4- 大边一后

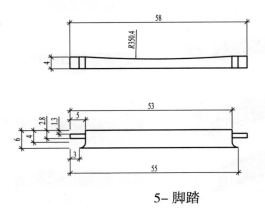

5- 脚踏

6- 后枨

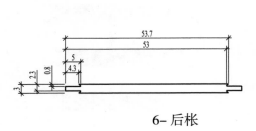

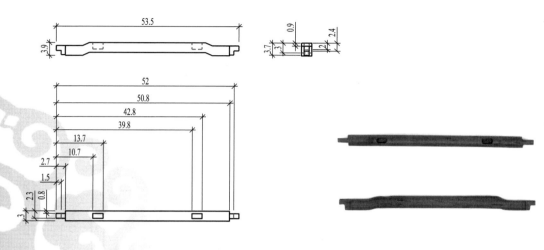

7- 罗锅枨—前后

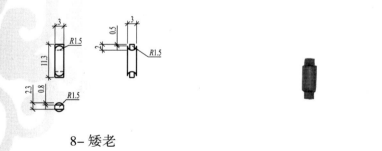

8- 矮老

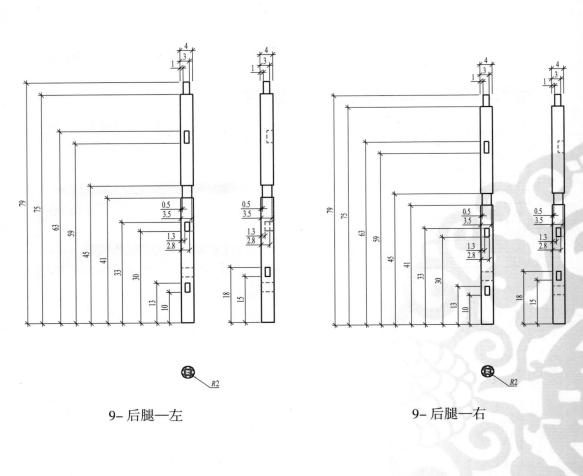

9- 后腿一左　　　　　　　　9- 后腿一右

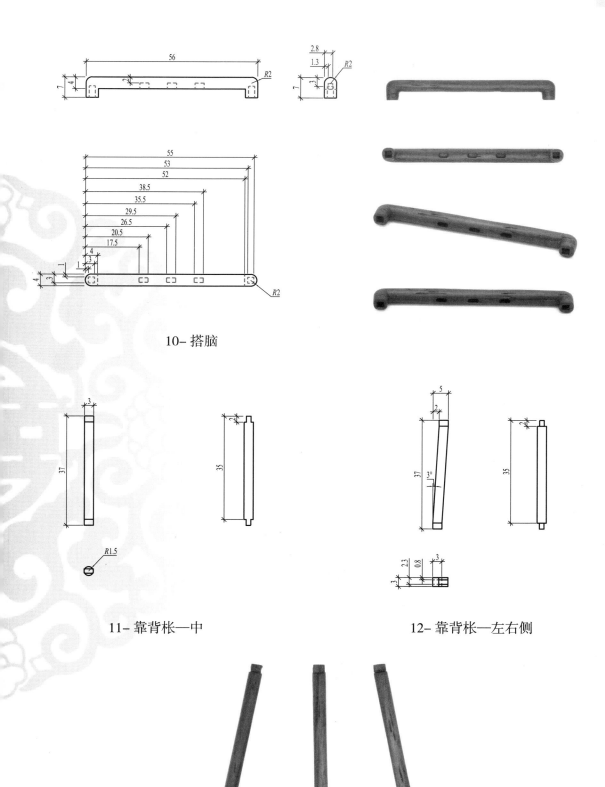

10- 搭脑

11- 靠背枨—中

12- 靠背枨—左右侧

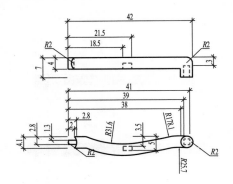

13- 扶手—左

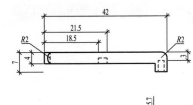

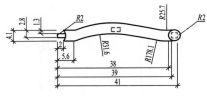

13- 扶手—右

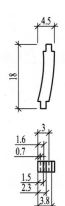

14- 联把棍

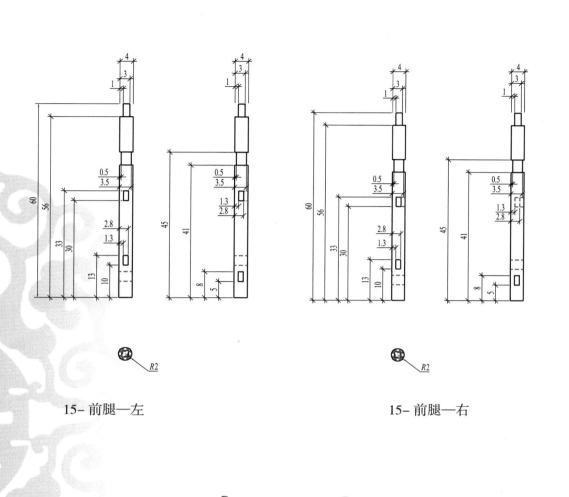

15-前腿—左　　　　　　　　　　15-前腿—右

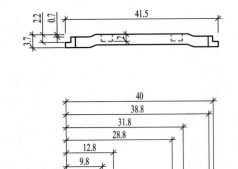

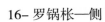

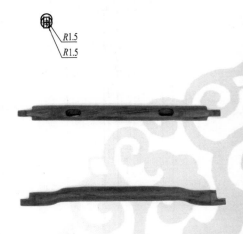

16- 罗锅枨—侧

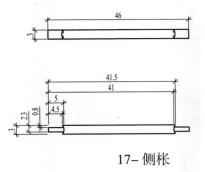

17- 侧枨

6.5　高扶手南官帽椅

　　此椅搭脑与腿、扶手与鹅脖处均采用挖烟袋锅榫结合，不用联把棍，扶手后部抬高，仅比搭脑稍低，造型接近圈椅的样式，背板下方凿花型装饰，四面牙子围成券口，有脚踏配牙子。

6.5.1 高扶手南官帽椅尺寸图

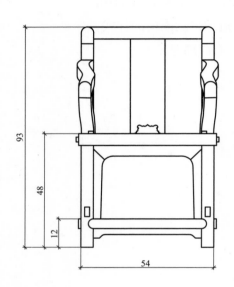

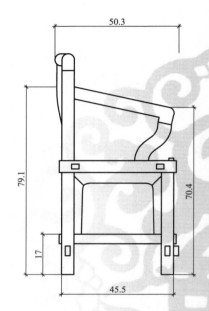

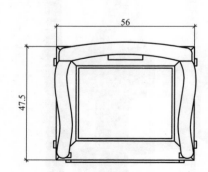

6.5.2 高扶手南官帽椅下料单

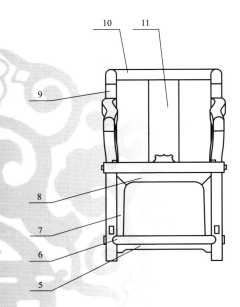

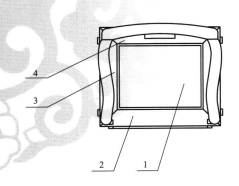

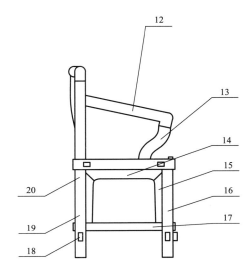

下料单			
序号	名称	数量	尺寸
1	座面	1	43×34.5×3.5
2	大边—前	1	58×8×5
3	抹头—左右	2	47.5×8×5
4	大边—后	1	58×8×5
5	脚踏牙子	1	47×4.5×2
6	脚踏	1	56×6.5×4
7	正券口侧牙条	2	33×6×2
8	正券口牙子	1	47×7.5×2
9	后腿—左右	2	90×5×5
10	搭脑	1	54×7.8×7
11	靠背板	1	45×14×6.6
12	扶手—左右	2	44.5×7.2×7
13	鹅脖	2	22.7×14.1×5
14	侧券口牙子	2	38.5×6.9×2
15	侧券口侧牙条	4	28×5.4×2
16	前腿—左右	2	49×5×5
17	侧直枨	2	47.5×4×4
18	后直枨	1	56×4×4
19	后券口侧牙条	2	33×6×2
20	后券口牙子	1	47×7.5×2

6.5.3　高扶手南官帽椅爆炸图

6.5.4　高扶手南官帽椅零件图

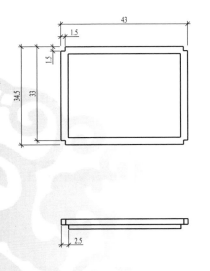
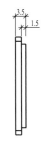

1- 座面

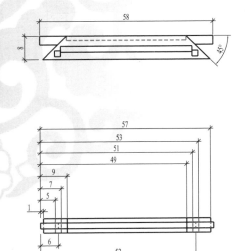
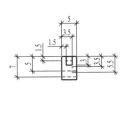

2- 大边一前

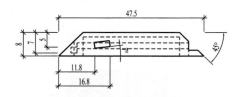

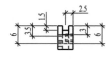

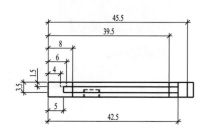

3- 抹头—左

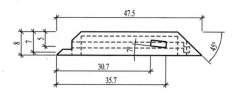

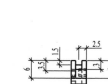

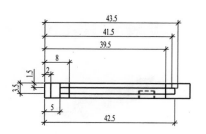

3- 抹头—右

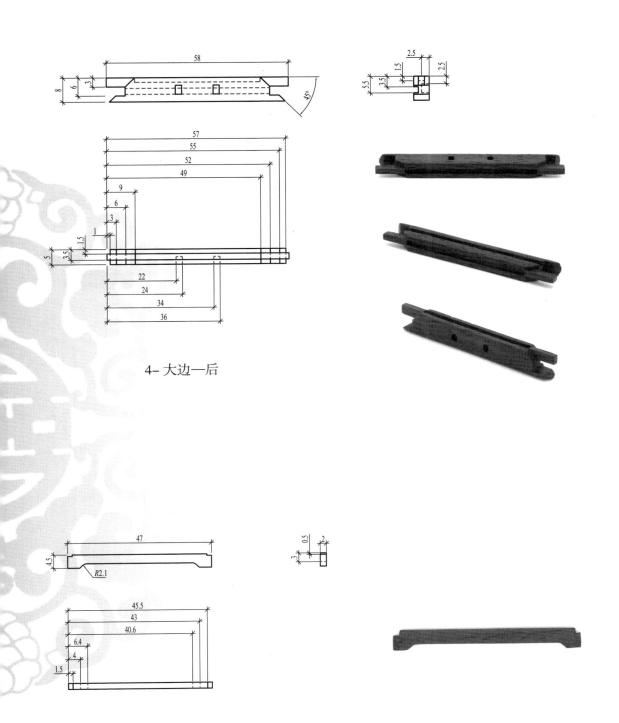

4- 大边一后

5- 脚踏牙子

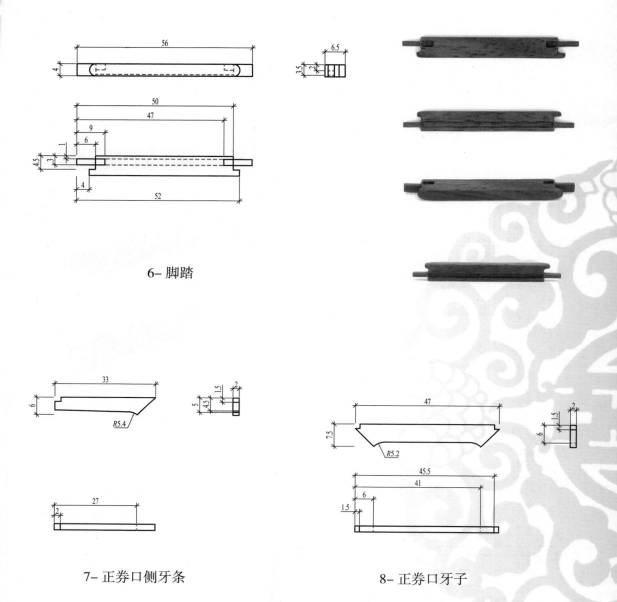

6- 脚踏

7- 正券口侧牙条

8- 正券口牙子

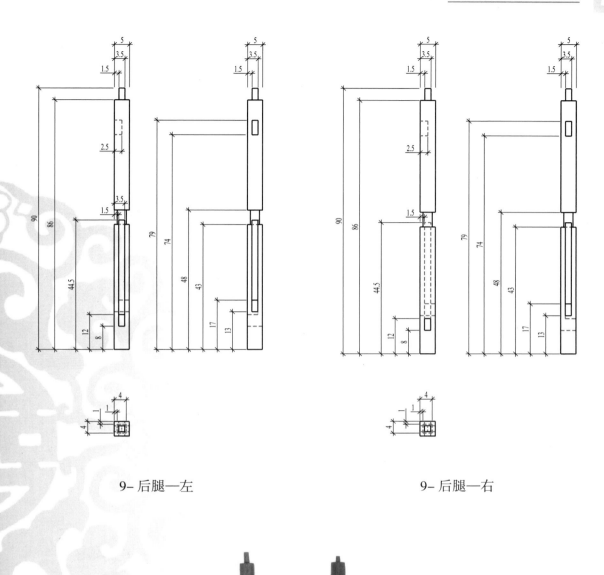

9- 后腿一左　　　　　　　　　9- 后腿一右

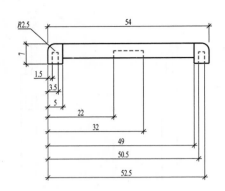

10- 搭脑

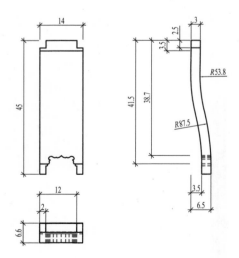

11- 靠背板

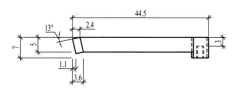

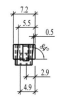

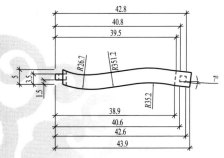

12- 扶手—左

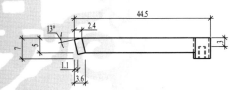

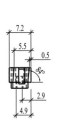

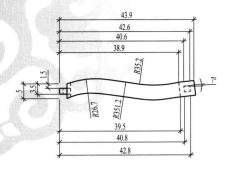

12- 扶手—右

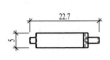

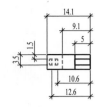

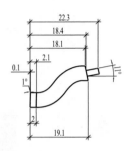

13- 鹅脖

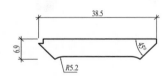

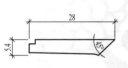

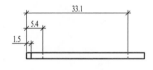

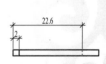

14- 侧卷口牙子

15- 侧券口侧牙条

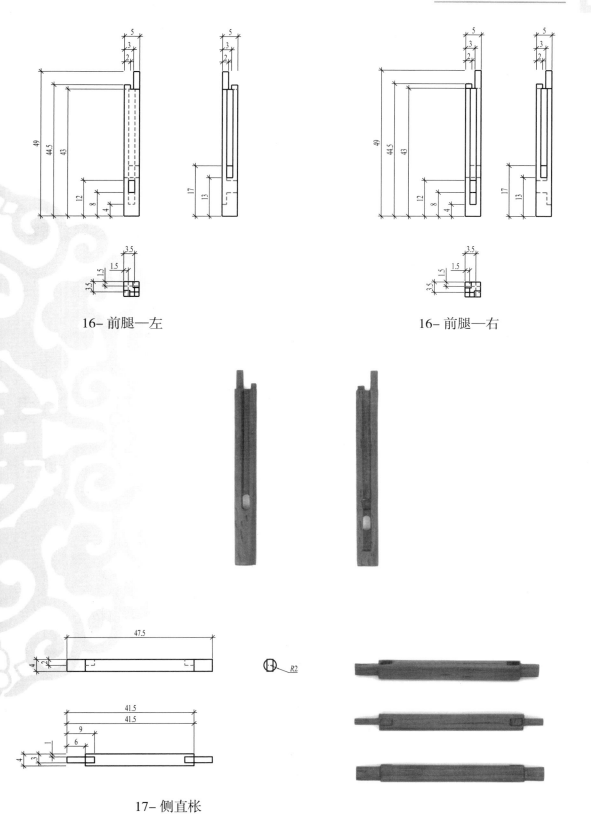

16- 前腿一左

16- 前腿一右

17- 侧直枨

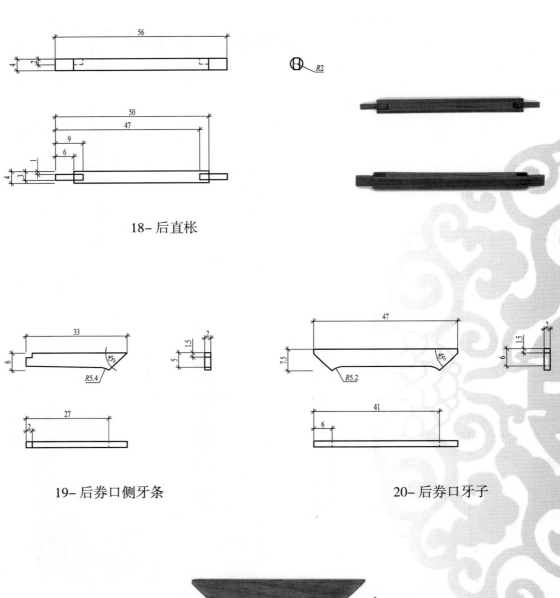

18- 后直枨

19- 后券口侧牙条

20- 后券口牙子

第 7 章　其他典型造型椅

7.1　玫瑰椅

　　玫瑰椅靠背为近搭脑后腿牙子围成券口，椅盘上方立矮老托横枨再支撑牙子，搭脑扶手均挖烟袋锅榫相接，椅盘下方正面有券口牙子围合，侧面饰鱼肚牙子，底部为步步高枨，前方有脚踏配牙子，直搭脑扶手的特点，且体积较小，故命名为玫瑰椅。

7.1.1 玫瑰椅尺寸图

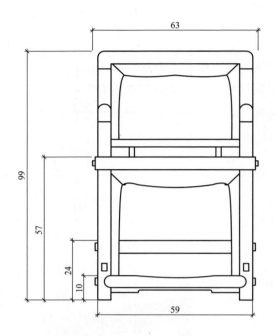

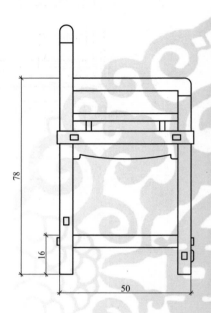

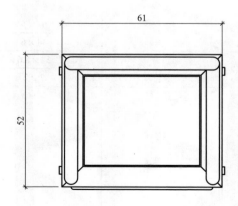

7.1.2 玫瑰椅下料单

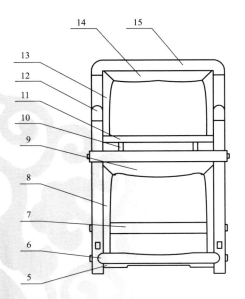

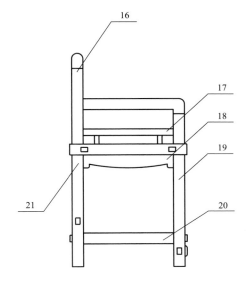

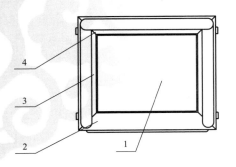

下料单			
序号	名称	数量	尺寸
1	座面	1	48×39×3.5
2	大边—前	1	63×8×5
3	抹头—左右	2	52×8×5
4	大边—后	1	63×8×5
5	脚踏牙条	1	52×3.5×2
6	脚踏	1	61×5×5
7	后枨	1	61×5×3
8	正券口侧牙条	2	44×6×2
9	正券口牙子	1	52×8.6×2
10	矮老	6	7×2×2
11	靠背直枨	1	56×3×3
12	扶手—左右	2	47.5×7×5
13	券口侧牙条	2	31.5×6×2
14	靠背券口牙子	1	51×6.6×2
15	搭脑	1	59×7×5
16	后腿—左右	2	97×5×5
17	扶手直枨	2	43.5×3×3
18	侧鱼肚牙子	2	43×7.5×2
19	前腿—左右	2	76×5×5
20	步步高枨	2	52×5×3
21	后牙子	1	52×7.5×2

◇ 7.1.3　玫瑰椅爆炸图 ◇

◇ 7.1.4　玫瑰椅零件图 ◇

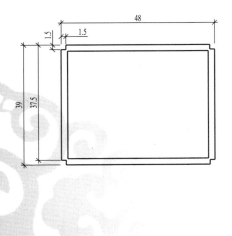
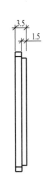

1- 座面

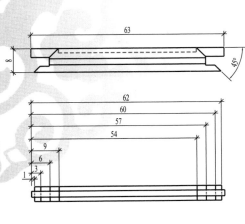
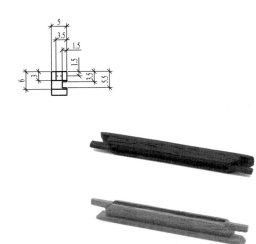

2- 大边一前

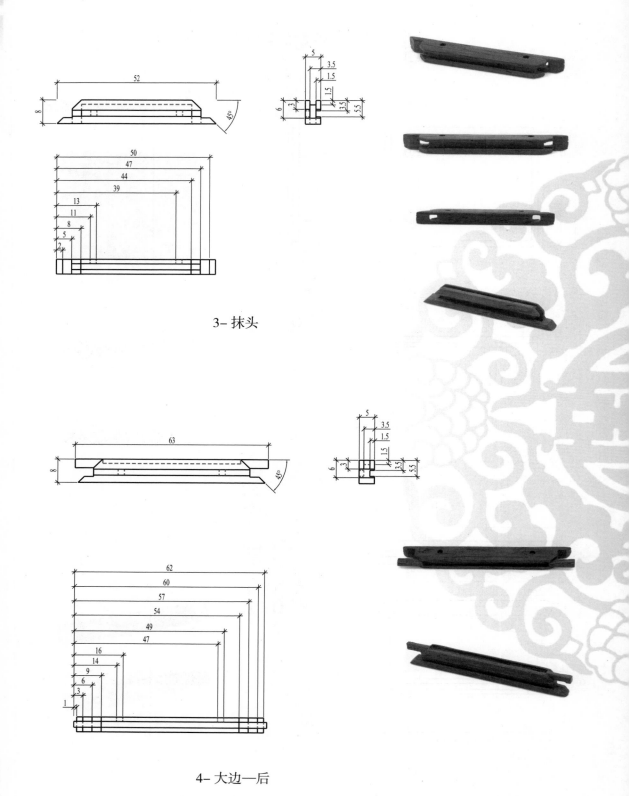

3- 抹头

4- 大边一后

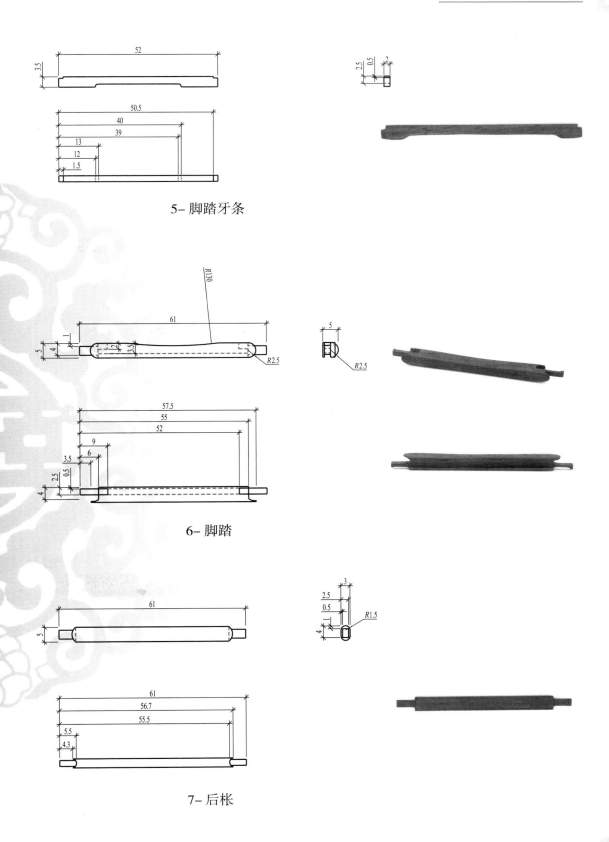

5– 脚踏牙条

6– 脚踏

7– 后枨

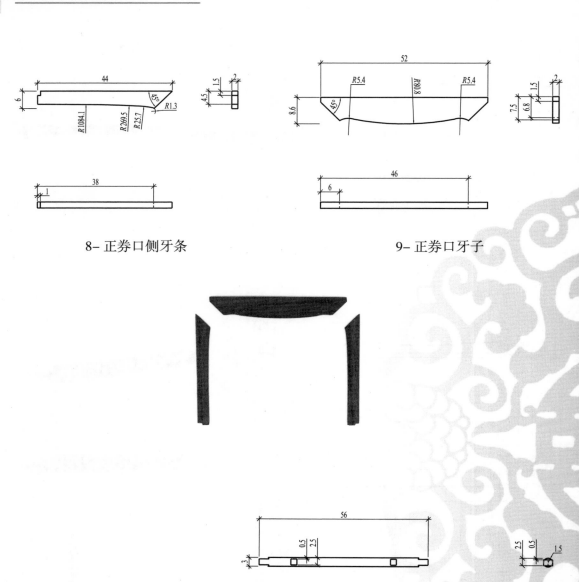

8- 正券口侧牙条

9- 正券口牙子

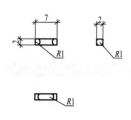

10- 矮老

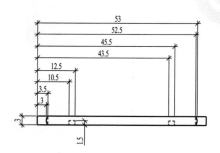

11- 靠背直枨

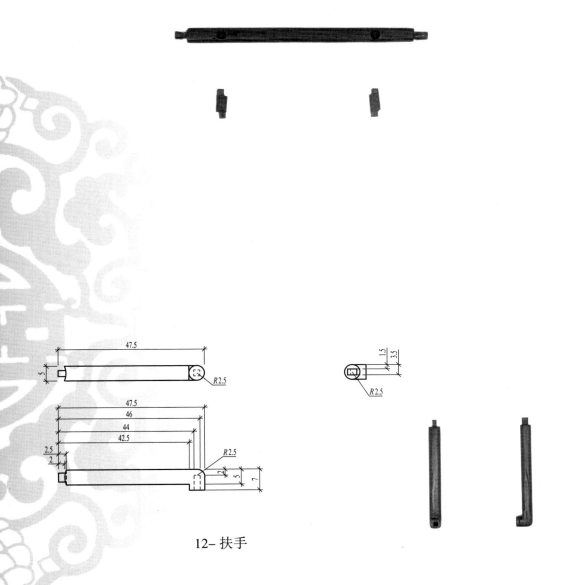

12- 扶手

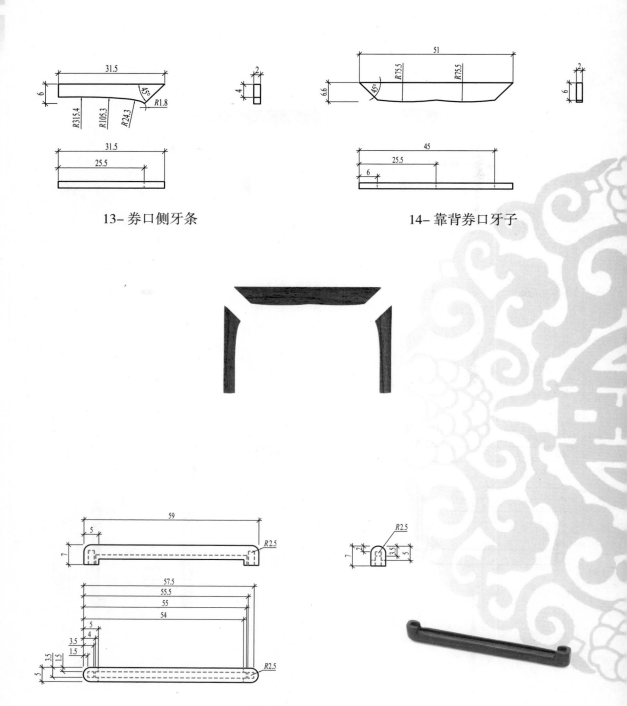

13- 券口侧牙条

14- 靠背券口牙子

15- 搭脑

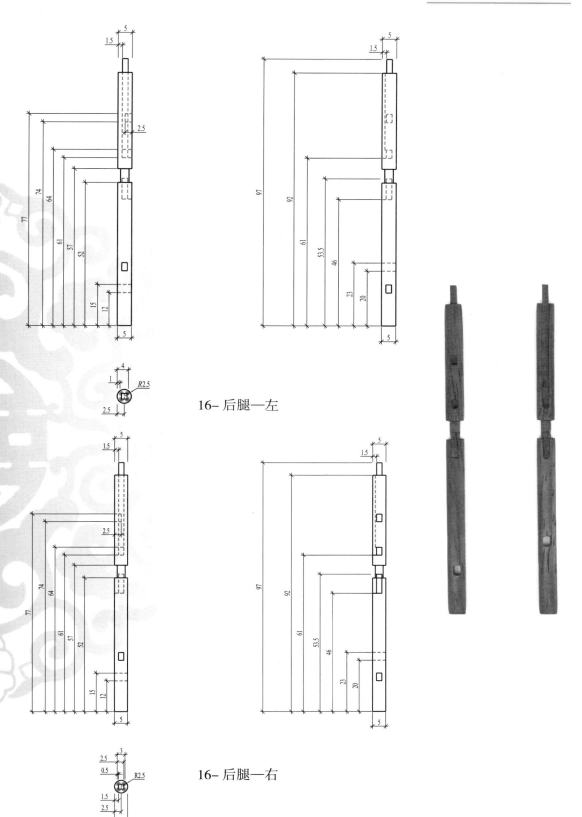

16- 后腿—左

16- 后腿—右

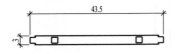

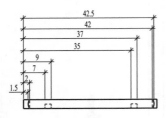

17– 扶手直枨

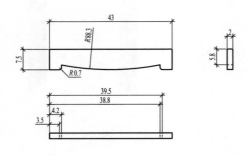

18– 侧鱼肚牙子

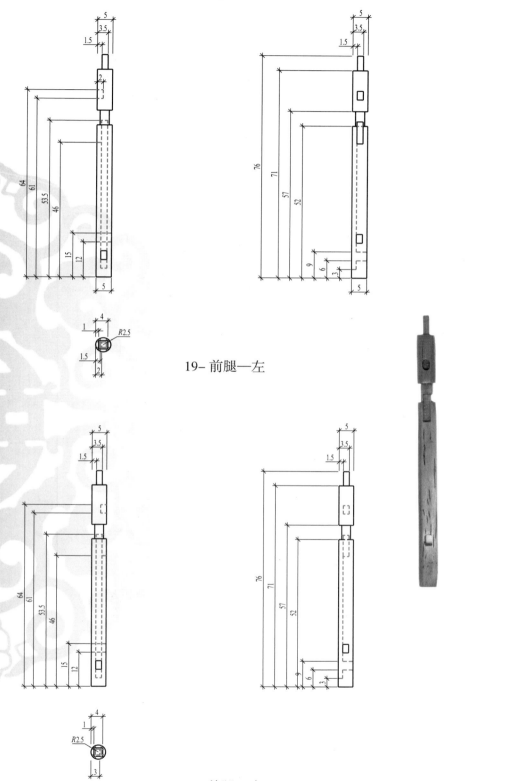

19- 前腿—左

19- 前腿—右

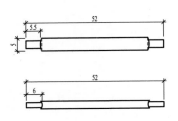

20– 步步高枨

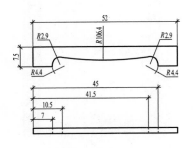

21– 后牙子

7.2　禅椅

　　禅椅没有靠背、联把棍，四腿贯穿椅面，下方四面矮老罗锅
枨造型，底部为步步高枨，前方有脚踏配牙子，造型极简，工艺
较为简单，座面宽大可盘腿来打坐，因故命名禅椅。

7.2.1　禅椅尺寸图

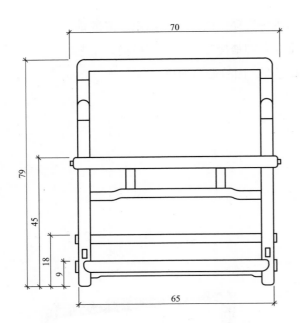

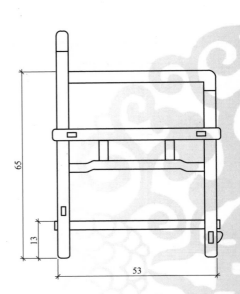

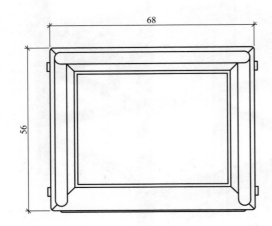

7.2.2 禅椅下料单

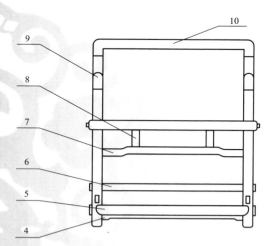

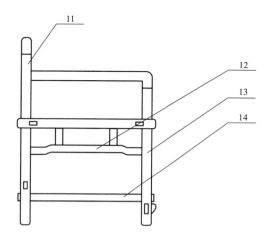

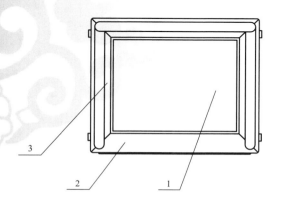

下料单			
序号	名称	数量	尺寸
1	座面板	1	55×43×2.8
2	大边—前后	2	70×8×4
3	抹头—左右	2	56×8×4
4	脚踏牙子	1	61×3.5×1.5
5	脚踏	1	69×7×4
6	后枨	1	67×3×3
7	罗锅枨—前后	2	62.5×3.9×3
8	矮老	8	11×3×3
9	扶手—左右	2	51×7×4
10	搭脑	1	65×7×4
11	后腿—左右	2	76×4×4
12	罗锅枨—侧	2	50.5×3.9×3
13	前腿—左右	2	62×4×4
14	步步高枨	2	55×3×3

7.2.3 禅椅爆炸图

7.2.4 禅椅零件图

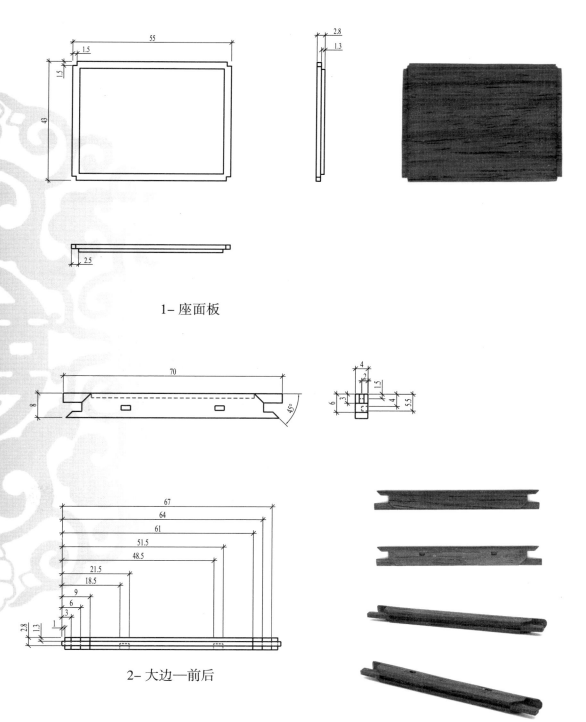

1-座面板

2-大边一前后

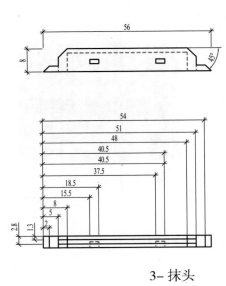

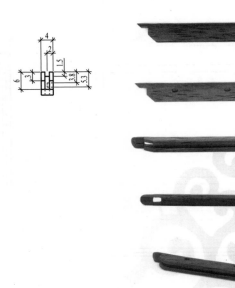

3- 抹头

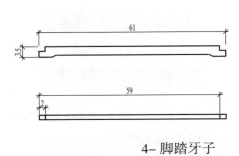

4- 脚踏牙子

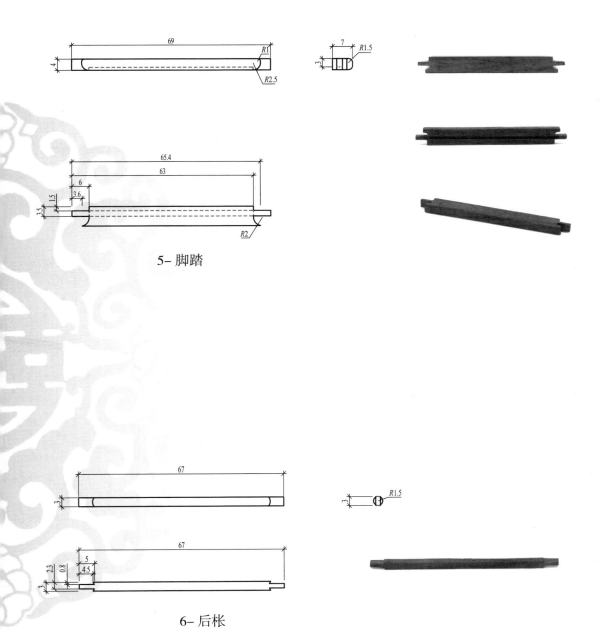

5- 脚踏

6- 后枨

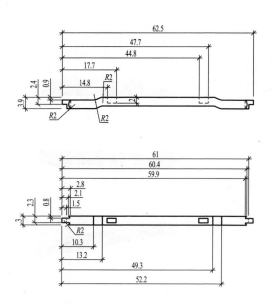

7- 罗锅枨—前后

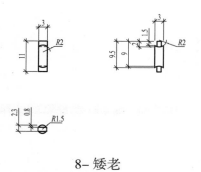

8- 矮老

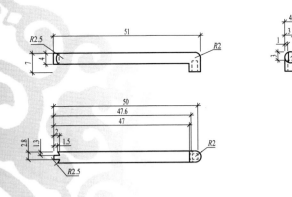

9- 扶手

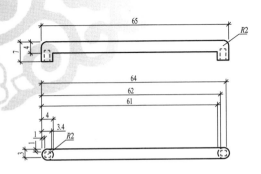

10- 搭脑

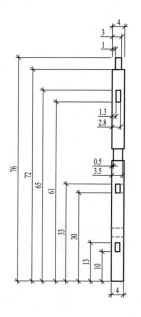
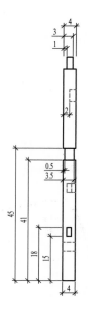

11- 后腿—左

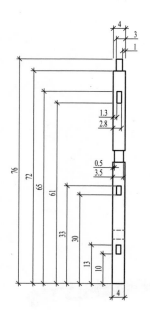
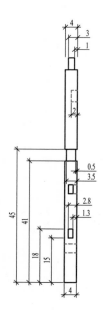

11- 后腿—右

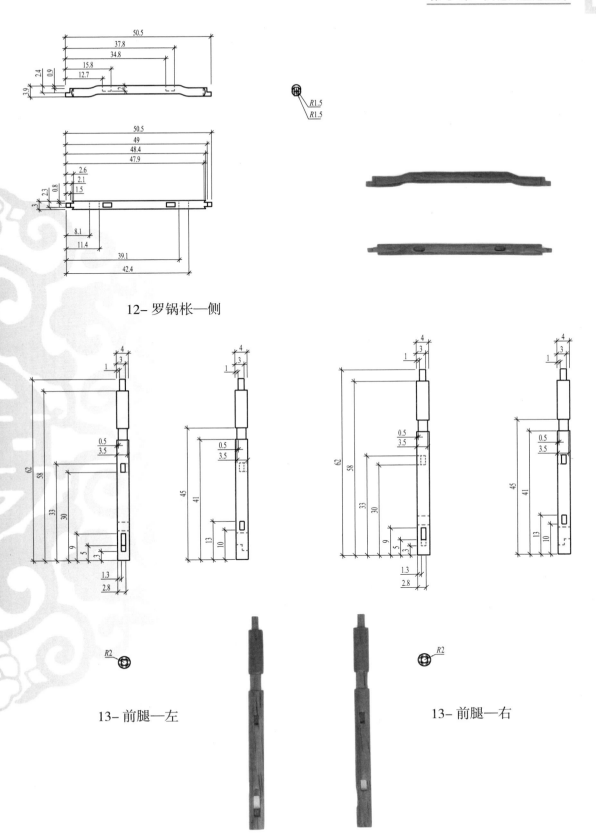

12- 罗锅枨—侧

13- 前腿—左

13- 前腿—右

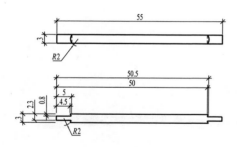

14- 步步高枨

7.3　灯挂椅

　　灯挂椅因其搭脑挑出似灯笼杆可挂灯笼而命名，整体造型似官帽椅，但不设扶手、联把棍、鹅脖等部件，背板为弯曲素板，前腿长短榫与椅盘相接，下方饰壶门券口牙子，配脚踏，为步步高枨造型。

7.3.1　灯挂椅尺寸图

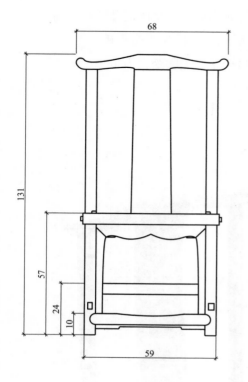

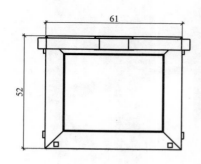

7.3.2 灯挂椅下料单

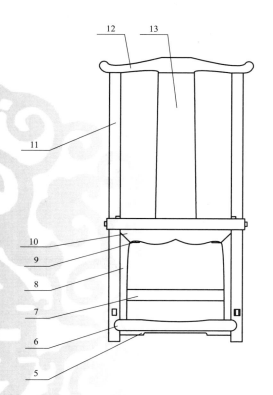

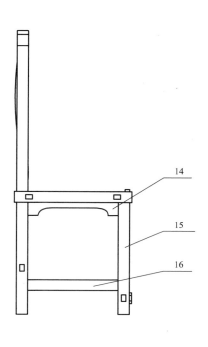

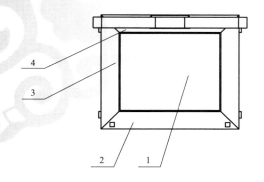

下料单			
序号	名称	数量	尺寸
1	座面	1	48×39×3.5
2	大边—前	1	63×8×5
3	抹头—左右	2	52×8×5
4	大边—后	1	63×8×5
5	脚踏牙子	1	52×3.5×2
6	脚踏	1	59×6×5
7	后枨	1	59×5×3
8	壶门券口侧牙条	1	44×6×2
9	后鱼肚牙子	4	52×7.5×2
10	壶门券口牙子	1	52×8.4×2
11	后腿—左右	2	118×5×5
12	搭脑	1	68×7×5
13	靠背板	1	72.5×18×6
14	前腿—左右	2	58×5×5
15	侧鱼肚牙子	2	43×7.5×2
16	侧横枨	2	50×5×3

◇ 7.3.3 灯挂椅爆炸图 ◇

◇ 7.3.4 灯挂椅零件图 ◇

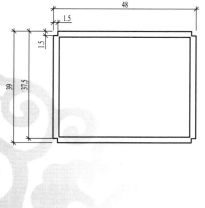

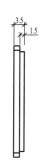

1– 座面

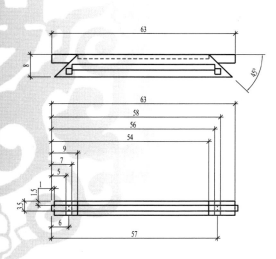

2– 大边—前

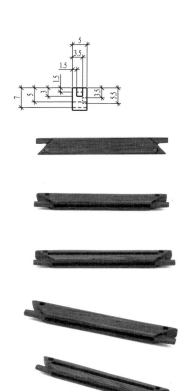

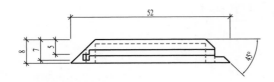

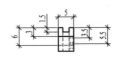

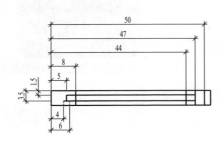

3- 抹头—左

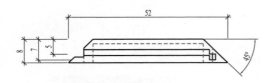

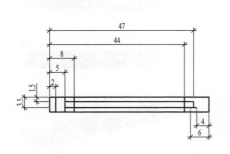

3- 抹头—右

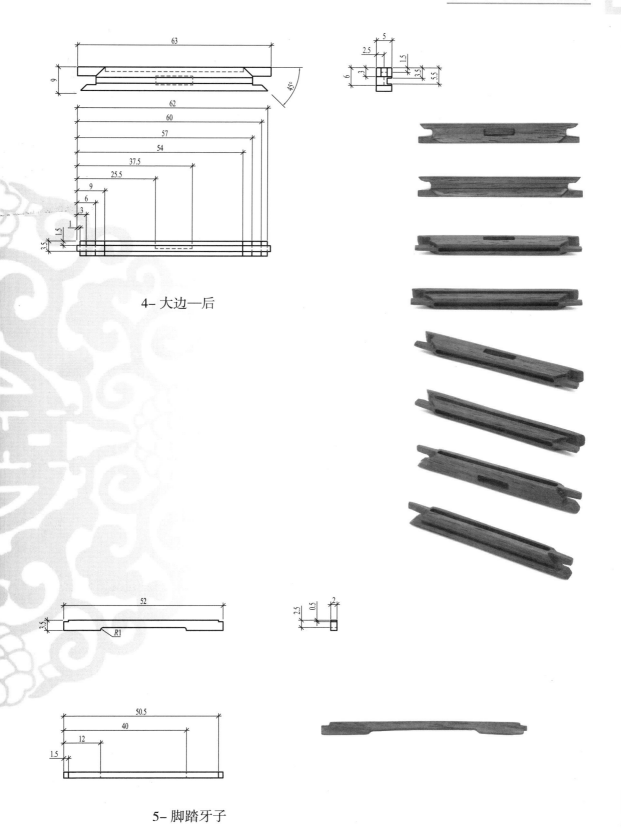

4- 大边一后

5- 脚踏牙子

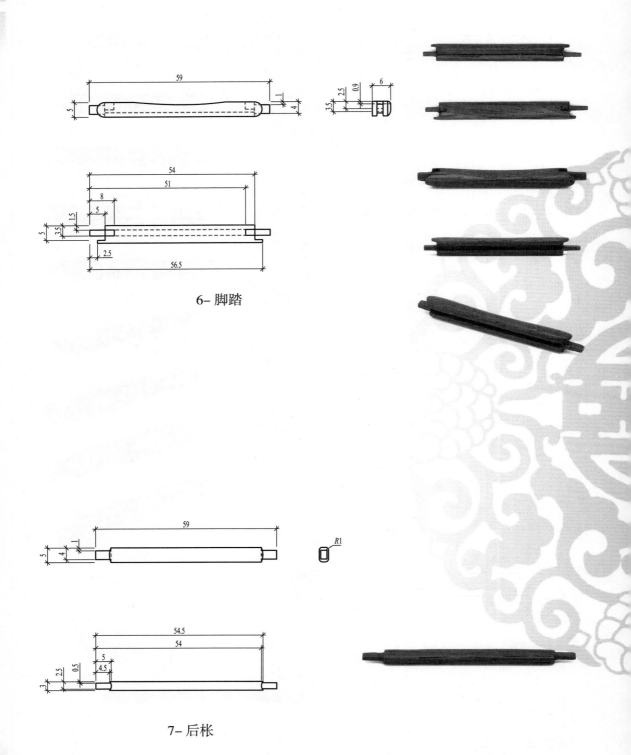

6- 脚踏

7- 后枨

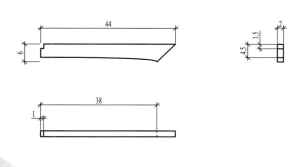

8– 壶门券口侧牙条

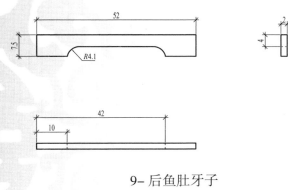

9– 后鱼肚牙子

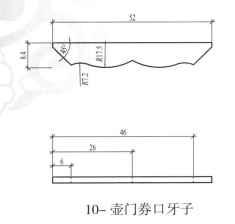

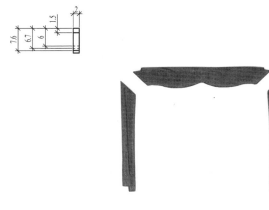

10– 壶门券口牙子

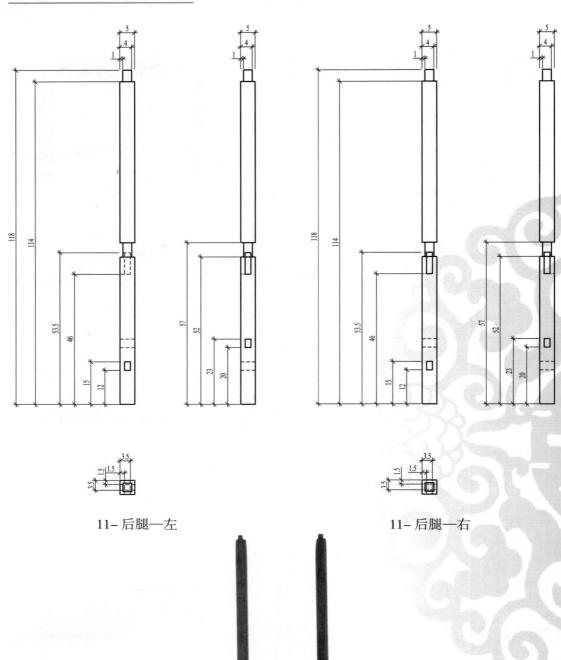

11- 后腿—左

11- 后腿—右

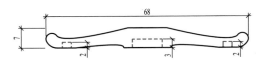

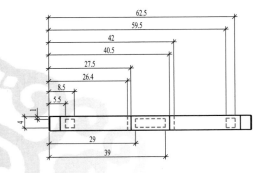

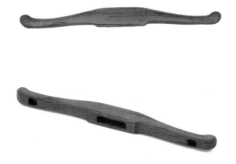

12- 搭脑

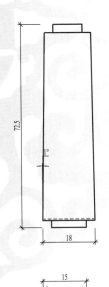

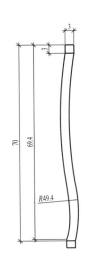

13- 靠背板

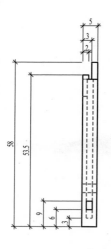
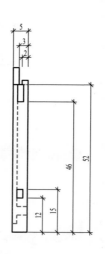
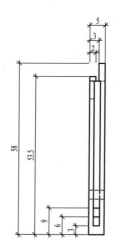
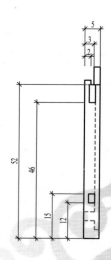

14– 前腿—左

14– 前腿—右

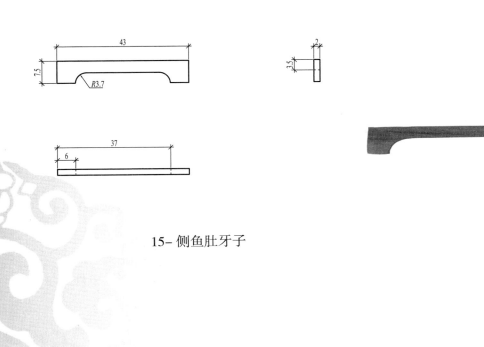

15- 侧鱼肚牙子

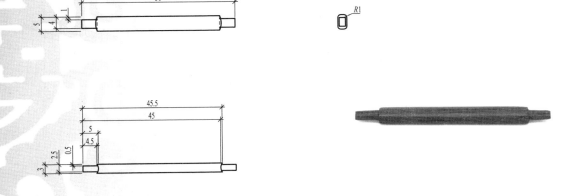

16- 侧横枨

参考文献

［1］王世襄.明式家具研究［M］.北京：生活·读书·新知三联书店出版社，2013.

［2］杨耀.明式家具研究［M］.北京：中国建筑工业出版社，2002.

［3］徐秋鹏.中国传统家具结构形式现代化的研究［D］.无锡：江南大学，2004.

［4］钱谦，马雪馨.浅析中国传统榫卯建筑结构对现代设计的启示田［J］.中外建筑，2015(3):92–93.

［5］林作新.中国传统家具的现代化［J］.家具与环境，2002(1)：4–11.

［6］郭希孟.明清家具鉴赏–榫卯之美［M］.北京：中国林业出版社，2014.

［7］康海飞.明清家具图集1［M］.北京：中国建筑工业出版社，2009.

［8］刘文利，李岩.明清家具鉴赏与制作分解图鉴（上下）［M］.北京：中国林业出版社，2013.

图书在版编目（CIP）数据

木工模型结构与制作解析：椅类/王天龙，曹友霖，
赵旭著.—北京：中国建材工业出版社，2016.12（2020.8重印）

ISBN 978-7-5160-1709-8

Ⅰ.①木…　Ⅱ.①王…　②曹…　③赵…　Ⅲ.①椅—木
家具—结构—中国—图解　②椅—木家具—制作—中国—图
解　Ⅳ.①TS664.1-64

中国版本图书馆CIP数据核字（2016）第278223号

内容简介

中国传统家具发展到明至清前期，达到顶峰。本书采用图文并茂的方法，将一些"椅"类家具中用到的榫卯结合结构进行梳理整合，更好地帮助读者理解榫卯结合方式和形态。通过对每件家具的介绍，以及榫卯结构、制作工具及其使用方式的解析，结合图纸与实物照片，让读者更全面清楚地了解中国传统家具的造型尺寸及生产工艺。

本书兼备知识性、学术性、艺术性和实用性，可以用于工业设计、环境艺术设计、家具设计与制造专业的课堂教学，可供文化艺术研究者、家具设计师和收藏家研究参考，也适合作为一般明式家具爱好者手工制作的蓝本。

木工模型结构与制作解析——椅类

王天龙　曹友霖　赵旭　著

出版发行：中国建材工业出版社
地　　址：北京市海淀区三里河路1号
邮　　编：100044
经　　销：全国各地新华书店
印　　刷：北京雁林吉兆印刷有限公司
开　　本：787mm×1092mm　1/16
印　　张：16.25　彩色：2印张
字　　数：450千字
版　　次：2016年12月第1版
印　　次：2020年8月第2次
定　　价：83.80元